普通高等学校“十四五”规划旅游管理类精品教材
教育部旅游管理专业本科综合改革试点项目配套规划教材

总主编◎马 勇

乡村景观与乡村旅游

Rural Landscape and Rural Tourism

主 编◎田逢军 汪忠列

華中科技大學出版社
http://press.hust.edu.cn
中国·武汉

内容简介

感知是人类活动的前提，本教材从游客感知的视角探讨乡村景观与乡村旅游问题，涉及乡村旅游环境感知评价与治理、官方微博传播的乡村旅游景观意象感知、乡村旅游地景观色彩意象营造、乡村旅游地乡愁景观感知、乡村旅游地景观改造、乡村旅游景观意象优化、乡村旅游怀旧情感对游客忠诚度的影响、乡村旅游地特色要素识别与评价等内容，有助于乡村旅游景观的治理与优化，建设美丽乡村旅游地。本教材可用于旅游管理类研究生、本科生旅游目的地管理、旅游规划与开发、乡村旅游、乡村旅游景观设计等课程的教学参考，也可供旅游规划设计机构、文旅行政主管部门、文旅行业企业和相关从业人员学习参考。

图书在版编目(CIP)数据

乡村景观与乡村旅游/田逢军，汪忠列主编. —武汉：华中科技大学出版社，2023.8
ISBN 978-7-5680-9876-2

Ⅰ.①乡… Ⅱ.①田… ②汪… Ⅲ.①乡村规划－景观设计－研究－中国 ②乡村旅游－旅游规划－研究－中国 Ⅳ.①TU986.2 ②F592.3

中国国家版本馆CIP数据核字（2023）第153063号

乡村景观与乡村旅游
Xiangcun Jingguan yu Xiangcun Lüyou

田逢军 汪忠列 主编

项目策划：李 欢
策划编辑：李 欢 王雅琪
责任编辑：贺翠翠
封面设计：原色设计
责任校对：刘 竣
责任监印：周治超
出版发行：华中科技大学出版社(中国·武汉) 电话：(027)81321913
武汉市东湖新技术开发区华工科技园 邮编：430223
录 排：孙雅丽
印 刷：武汉科源印刷设计有限公司
开 本：787mm×1092mm 1/16
印 张：11.5
字 数：256千字
版 次：2023年8月第1版第1次印刷
定 价：49.80元

总　序

伴随着我国社会和经济步入新发展阶段，我国的旅游业也进入转型升级与结构调整的重要时期。旅游业将在推动形成以国内经济大循环为主体、国内国际双循环相互促进的新发展格局中发挥出独特的作用。旅游业的大发展在客观上对我国高等旅游教育和人才培养提出了更高的要求，同时也希望高等旅游教育和人才培养能在促进我国旅游业高质量发展中发挥更大更好的作用。

《中国教育现代化2035》明确提出：推动高等教育内涵式发展，形成高水平人才培养体系。以"双一流"建设和"双万计划"的启动为标志，中国高等旅游教育发展进入新阶段。

这些新局面有力推动着我国高等旅游教育在"十四五"期间迈入发展新阶段，未来旅游业发展对各类中高级旅游人才的需求将十分旺盛。因此，出版一套把握时代新趋势、面向未来的高品质和高水准规划教材则成为我国高等旅游教育和人才培养的迫切需要。

基于此，在教育部高等学校旅游管理类专业教学指导委员会的大力支持和指导下，教育部直属的全国重点大学出版社——华中科技大学出版社——汇聚了一大批国内高水平旅游院校的国家教学名师、资深教授及中青年旅游学科带头人在成功组编出版了"普通高等院校旅游管理专业类'十三五'规划教材"的基础上，再次联合编撰出版"普通高等学校'十四五'规划旅游管理类精品教材"。本套教材从选题策划到成稿出版，从编写团队到出版团队，从主题选择到内容编排，均作出积极的创新和突破，具有以下特点：

一、基于新国标率先出版并不断沉淀和改版

教育部2018年颁布《普通高等学校本科专业类教学质量国家标准》后，华中科技大学出版社特邀教育部高等学校旅游管理类专业教学指导委员会副主任、国家"万人计划"教学名师马勇教授担任总主编，同时邀请了全国近百所开设旅游管理类本科专业的高校知名教授、博导、学科带头人和一线骨干专业教师，以及旅游行业专家、海外专业师资联合编撰了"普通高等院校旅游管理专业类'十三五'规划教材"。该套教材紧扣新国标要点，融合数字科技新技术，配套立体化教学资源，于新国标颁布后在全国率先出版，被全国数百所高等学校选用后获得良好反响。编委会在出版后积极收集院校的一线教学反馈，紧扣行业新变化，吸纳新知识点，不断地对教材内容及配套教育资源进行更新升级。"普通高等学校'十四五'规划旅游管理类精品教材"正是在此基础上沉淀和提升编撰而成。《旅游接待业（第二版）》《旅游消费者行为（第二版）》《旅游目的地管理（第二版）》等核心课程优质规划教材陆续推出，以期为全国高等院校旅游专业创建国家级一流本科专业和国家级一流"金课"助力。

二、对标国家级一流本科课程进行高水平建设

本套教材积极研判“双万计划”对旅游管理类专业课程的建设要求，对标国家级一流本科课程的高水平建设，进行内容优化与编撰，以期促进广大旅游院校的教学高质量建设与特色化发展。其中《旅游规划与开发》《酒店管理概论》《酒店督导管理》等教材已成为教育部授予的首批国家级一流本科“金课”配套教材。《节事活动策划与管理》等教材获得国家级和省级教学类奖项。

三、全面配套教学资源，打造立体化互动教材

华中科技大学出版社为本套教材建设了内容全面的线上教材课程资源服务平台：在横向资源配套上，提供全系列教学计划书、教学课件、习题库、案例库、参考答案、教学视频等配套教学资源；在纵向资源开发上，构建了覆盖课程开发、习题管理、学生评论、班级管理等集开发、使用、管理、评价于一体的教学生态链，打造了线上线下、课堂课外的新形态立体化互动教材。

在旅游教育发展的新时代，主编出版一套高质量规划教材是一项重要的教学出版工程，更是一份重要的责任。本套教材在组织策划及编写出版过程中，得到了全国广大院校旅游管理类专家教授、企业精英，以及华中科技大学出版社的大力支持，在此一并致谢！衷心希望本套教材能够为全国高等院校的旅游学界、业界和对旅游知识充满渴望的社会大众带来真正的精神和知识营养，为我国旅游教育教材建设贡献力量，也希望并诚挚邀请更多高等院校旅游管理专业的学者加入我们的编者和读者队伍，为我们共同的事业——我国高等旅游教育高质量发展——而奋斗！

总主编
2021年7月

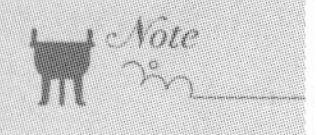

前　　言

乡村旅游是一种重要的旅游形式，也是我国新农村建设的重要模式和乡村振兴的重要助力。2015年中央一号文件提出要积极挖掘乡村的生态休闲、旅游观光价值，初步肯定了以旅游促进乡村发展的路径。2016年中央一号文件对发展乡村旅游的重要性进行了强调，并出台一系列优惠政策扶持乡村旅游的大力发展。2017年，全国乡村旅游总人次达25亿，旅游消费规模超过1.4万亿元；2019年，全国乡村旅游总人次增长至30.9亿，总收入增至1.81万亿元；2020年，新冠疫情席卷全国各地，在各地有序复工复产的情况下，乡村旅游人次及收入基本与同期持平；2023年，乡村旅游继续展示出蓬勃的生命力，逐渐发展成为我国旅游消费市场的重要组成部分。

景观是人类社会和文化、自然环境一起，共同形成的具体而有特色的产物；具有特定地域自然和文化特征的景观是旅游地吸引力的本源和旅游者获得愉悦体验的来源。乡村景观是形成乡村地域特色和发展乡村旅游的基础。由于感知是人类活动的前提，从游客感知的视角探讨乡村景观与乡村旅游问题，有利于有针对性地提出乡村旅游景观的治理与优化措施，建设美丽乡村旅游地。本教材是江西财经大学MTA（旅游管理专业硕士）和旅游管理硕士人才培养与乡村旅游发展紧密对接的重要成果。教材聚焦于乡村旅游景观感知与治理这个主题，涉及乡村旅游环境感知评价与治理、官方微博传播的乡村旅游景观意象感知、乡村旅游地景观色彩意象营造、乡村旅游地乡愁景观感知、乡村旅游地景观改造、乡村旅游景观意象优化、乡村旅游怀旧情感对游客忠诚度的影响、乡村旅游地特色要素识别与评价等内容，可用于旅游管理类研究生、本科生旅游目的地管理、旅游规划与开发、乡村旅游、乡村旅游景观设计等课程的教学参考案例，也可供旅游规划设计机构、文旅行政主管部门、文旅行业企业和相关从业人员学习参考。

本教材由江西财经大学旅游与城市管理学院田逢军教授和汪忠列博士主编，并负责统稿审核，旅游管理系教师胡海胜、唐继刚、艾晓玉等参与编写，研究生杨平、付诗悦参与了书稿中案例的编写工作。同时，本教材汇聚了各方人员的智慧，在调研过程中得到了婺源旅游集团、原江西省旅发委、江西省文旅厅的大力支持，在书稿修改完善过程中得到了南昌大学、江西师范大学、江西科技师范大学、江西省旅游集团等单位专家学者的悉心指导，在此一并表示感谢！

本教材受江西省高层次高技能领军人才培育工程项目和江西省高校人文社会科学研究项目“美丽乡村建设背景下乡村旅游景观意象的认知机理与营造策略研

究”(项目编号:JC21120)共同资助。

本教材在研究过程中参考了相关领域内各研究者大量的文献资料,引用了各相关部门的相关数据资料,如有疏漏未列出者还请相关机构及作者指正。在研究过程中得出的观点,有不当之处也请相关机构部门和专家学者批评指正。

编者

2023年6月

目录

Note

第一章

乡村旅游环境感知评价与治理

学习目标

1. 了解乡村旅游环境研究背景与意义。
2. 了解国内外乡村旅游的发展情况。
3. 了解并掌握乡村旅游环境感知评价的方法。
4. 了解并掌握乡村旅游地环境治理策略。

第一节　乡村旅游环境研究背景与意义

一、乡村旅游环境研究背景

（一）乡村旅游的类型

乡村自然环境和人文环境是乡村旅游吸引力的本源。综合学者们的观点，根据乡村旅游环境，乡村旅游可分为三类。

(1) 城郊型乡村旅游，即依托都市郊区相对良好的自然生态环境、独特的人文

环境、地理优势和便利的交通条件而发展起来的乡村旅游。

(2) 村寨型乡村旅游，即依托特色村寨及其群落乡而发展起来的乡村旅游。

(3) 景区依托型乡村旅游，即依托大型景区在市场上的知名度而发展起来的乡村旅游，开发中较多地保存着乡村的原生状态。

（二）乡村旅游环境日渐重要

不论哪一种类型的乡村旅游，干净整洁的生活环境和健康文明的人文环境是乡村旅游地吸引游客的基本条件。不难看出，乡村旅游环境是乡村旅游地的核心吸引力组成。在目的地吸引力的研究中，吸引力被作为吸引游客的目的地各属性特征的集合体，是游客对目的地整体吸引力的综合感知和评估。目的地特征性的环境是评估目的地吸引力的重要因素之一，而随着乡村旅游的快速发展，乡村旅游业给乡村带来较大社会利益和经济利益的同时，也对旅游地的环境造成了一定的破坏和冲击，使得当地的环境质量下降。这必然不利于乡村旅游的可持续发展，因此，乡村旅游环境质量的提升必须受到一定重视。

2019年5月20日—22日习近平总书记在江西考察调研时强调，在对稀土资源的开发利用过程中，要加强项目环境保护，实现绿色发展、可持续发展。习近平总书记同时指出:"城镇化和乡村振兴互促互生。要把乡村振兴起来，把社会主义新农村建设好";"要加强乡村人居环境整治和精神文明建设，健全乡村治理体系，使乡村的精神风貌、人居环境、生态环境、社会风气都焕然一新，让乡亲们过上令人羡慕的田园生活";"要加快构建生态文明体系，做好治山理水、显山露水的文章，打造美丽中国'江西样板'"。

（三）乡村环境整治是乡村振兴战略的重要内容

按照党的十九大提出的决胜全面建成小康社会、分两个阶段实现第二个百年奋斗目标的战略安排，2017年12月中央农村工作会议明确了实施乡村振兴战略的目标任务:到2020年，乡村振兴取得重要进展，制度框架和政策体系基本形成；到2035年，乡村振兴取得决定性进展，农业农村现代化基本实现；到2050年，乡村全面振兴，农业强、农村美、农民富全面实现。2018年9月，中共中央、国务院印发《乡村振兴战略规划(2018—2022年)》，并发出通知，要求各地区各部门结合实际认真贯彻落实。2022年，党的二十大报告指出全面推进乡村振兴，强调加快建设农业强国，扎实推动乡村产业、人才、文化、生态、组织振兴，统筹乡村基础设施和公共服务布局，建设宜居宜业和美乡村。

乡村是具有自然、社会、经济特征的地域综合体，兼具生产、生活、生态、文化等多重功能，与城镇互促互进、共生共存，共同构成人类活动的主要空间。乡村兴则国家兴，乡村衰则国家衰。我国人民日益增长的美好生活需要和不平衡不充分的发展之间的矛盾在乡村最为突出，我国仍处于并将长期处于社会主义初级阶段的特征很大程度上表现在乡村。实施乡村振兴战略，是解决新时代我国社会主要矛盾、实现"两个一百年"奋斗目标和中华民族伟大复兴中国梦的必然要求，具有重大现实意义和深远历史意义。而乡村旅游以乡村性的自然和人文景观为旅游特色吸引游

客，如乡村旅游的环境污染问题不能得到及时有效治理，必将影响到乡村旅游的可持续发展，制约乡村振兴战略的成效。

（四）婺源乡村旅游环境建设在全国具有典型性

1. 婺源乡村旅游发展概况

婺源以当地婺水源头而名，是目前全国唯一一个全域被授予国家3A级旅游景区的县。婺源乡村风景秀丽，空气新鲜，有高山花海，又有小桥流水人家。至2019年末，全县有1个国家5A级旅游景区——江湾景区，有大鄣山卧龙谷景区、灵岩洞景区、文公山景区等13个国家4A级旅游景区。该县自确立了"发展全域旅游、建设最美乡村"的战略目标以来，将全县2967平方千米作为一个开放式大景区、大公园来打造，全面提升了"中国最美乡村"的内涵品质，让更多的百姓共享旅游发展红利。该县大力实施"旅游＋"工程，推动旅游与工业、农业、文化、体育、民宿、医疗养生等相关产业深度融合，加快形成乡村旅游、农业观光、休闲养生、互动体验等差异互补的全域旅游新格局；按照"国际生态乡村旅游目的地"的创建标准，进行全域统一规划、建设和管理，全面优化城乡环境、建筑风貌，不断提升景观节点、配套设施等建设品位，确保既满足居民生活需求，也具备审美和休闲度假功能；按照"宜游易游"的要求提升环境，大力推进"畅、安、舒、美"工程，着力提升公路沿途景观，让每条公路都成为旅游中的一道风景线；有序实施非徽派建筑改造工程，精心呵护粉墙黛瓦与青山绿水互为映衬的美丽画卷；引进大企业、大资本参与旅游开发，推进篁岭民俗文化村等重大旅游项目建设。

2017年9月，婺源县荣获"中国天然氧吧"称号。2018年12月，婺源县入选第二批"绿水青山就是金山银山"实践创新基地和第二批中国特色农产品优势区。2019年3月，中央宣传部、财政部、文化和旅游部、国家文物局公布《革命文物保护利用片区分县名单（第一批）》，婺源县名列其中。2019年9月，婺源县入选首批国家全域旅游示范区。

在全域旅游的带动下，婺源县近2000千米的农村公路将1个国家5A级旅游景区、13个国家4A级旅游景区和29个美丽乡村、274个新农村串珠成链、连线成环，形成了"半小时通达圈"的旅游新格局，打造了交通扶贫"婺源样板"，获评全国"四好农村路"示范县，巩固了其国家4A级旅游景区数量全国县级第一、江西省5A级乡村旅游点数量位居全省县级第一的地位。

2. 婺源乡村旅游新发展理念

近年来，婺源践行新发展理念，实施"发展全域旅游、建设最美乡村"战略，打造高品质旅游，推动旅游业高质量发展。该县旅游项目全域推进，主动对接国开基金、山水文园、棕榈股份、中景集团、中青旅、华侨城等大企业大财团，加快一大批重大旅游项目引进，度假小镇、文化小镇、演艺小镇等竞相绽放；旅游产品全域盛开，推动全域旅游与民宿度假、康体养生、文化体育等产业深度融合，一大批旅游新业态、新热点争奇斗艳；旅游体制日臻完善，组建了婺源县旅游产业发展集团，成立了婺源"旅游110"和全国首个旅游诚信退赔中心，开展优质旅游服务提升年活动等，让

每一位游客在婺源都能拥有美好的旅游体验。

二、乡村旅游环境研究意义

（一）丰富旅游环境相关研究

中国旅游学界对乡村旅游环境的研究起步较晚，部分旅游学者已经意识到旅游业与环境之间的互动关系，并进行了探索性研究，但研究成果还相当分散、单薄，乡村旅游地的环境问题并没有引起足够的重视，相关的基础理论研究尤显不足。乡村旅游地环境是一个系统工程，是地理学、生态学以及环境学等多学科交叉与融合的重要研究方向，其学术体系和研究框架尚未形成，有待研究的领域较多。国内旅游市场竞争日益激烈的形势下，乡村旅游地之间从价格竞争、宣传竞争、产品竞争逐渐演化为以旅游形象、旅游品牌等为载体的旅游环境竞争，这对乡村旅游环境研究的现实指导作用提出更高要求。

旅游环境已经成为乡村旅游地吸引游客的重要因素。本章从游客感知评价的视角来探讨婺源乡村旅游地环境提升的对策，对于丰富旅游环境研究的理论知识和内容，并推动乡村旅游地环境质量提升具有重要意义。

（二）提升乡村旅游环境的治理水平和能力

在旅游业发展实践中，良好的自然生态环境和人文环境成为吸引游客前往乡村旅游地开展旅游活动的本源，乡村旅游地也逐渐重视旅游环境建设，本章从游客角度提出乡村旅游环境提升的策略，有利于解决日益凸显的乡村旅游环境问题，提升乡村旅游环境的治理水平和能力，也有利于推动乡村旅游可持续发展。

第二节　国内外乡村旅游发展研究

一、乡村旅游相关概念界定

（一）乡村旅游

乡村旅游起源于19世纪的欧洲，19世纪80年代开始大规模发展。由于这一旅游形态的历史并不悠久，其在学术界出现的时间也并不长。国内外学术界对乡村旅游至今还没有完全统一的定义，旅游体验论者、文化审美论者、社会人类学者、经济实用论者均从不同学科角度进行了多层面、多维度的论述，对于乡村旅游的定义各有侧重、表述不一，且带有颇多的主观感知性。例如，Jafar在其主编的《旅游百科全书》（*Encyclopedia of Tourism*）中提出，乡村旅游将乡下地方作为资源，它与都市居民寻求宁静和户外游憩的空间相联系，而不是专门指与自然相联系。邹统钎（2008）指出乡村旅游包括游览国家公园，乡村地区的遗产旅游，在风景区兜风并且享受乡间的风光，以及农庄旅游（或者叫休闲农业）。国际上对乡村旅游的称谓也各不相

同，有“农村旅游”“田园旅游”“休闲农业”“观光农业”“旅游农业”“旅游生态农业”等。

我国乡村旅游兴起于20世纪80年代。虽然经过了40年左右的发展，但是对于乡村旅游的定义，国内学术界目前也没有取得统一的认识，不同的专家学者从不同的角度提出了自己对此的理解和对其概念的界定，乡村旅游的定义多达30多种。综合这些观点，本章认为乡村旅游是以农民家庭为基本的接待和经营单位，以自然生态环境、现代农业文明、浓郁民俗风情、淳朴乡土文化为载体，以利用农村的环境资源、农民生活劳动为特色，以营利为目的，集餐饮、住宿、游览、参与、体验、娱乐、购物等于一体的综合性休闲度假旅游活动方式，是一种由传统的观光旅游向休闲旅游过渡的新的旅游形态。乡村旅游包含乡村产业、乡村自然生态景观和乡村文化三个方面的内容。

（二）旅游环境

学术界对旅游环境的研究相对于其他分支学科比较滞后。20世纪，随着现代化学、冶炼、汽车等工业的兴起和发展，工业“三废”排放量不断增加，环境污染和破坏事件频频发生，环境与经济的矛盾日益突出，唤醒了人们的环境意识，20世纪60年代旅游环境的研究从几乎为零到成为热点，国际上地理学、旅游学和环境学的工作者们意识到旅游开发的环境影响，从而对旅游环境进行了系列研究，并主要集中于旅游开发的社会、文化、环境影响和旅游环境容量两个方面。国内对旅游环境的研究则起源于20世纪80年代初期，伴随着可持续发展理念的兴起，旅游环境研究从零散状态迈向系统化发展。之后，旅游环境研究成为我国旅游学术界的研究热点之一。

由于系统的复杂性，学术界对旅游环境概念的界定和表述众说纷纭，但在旅游环境系统内容方面达成了一定的共识，即以旅游者为中心，依据旅游科学的系统分类和任务，可将旅游环境系统分为自然生态环境、社会环境、经济环境和旅游服务环境这四个方面的内容（王兆峰等，2018）。旅游环境的研究则以旅游开发活动与环境系统的相互关系为主线，探讨旅游环境的功能、作用机理与要素结构，判定环境对旅游开发的制约，分析环境质量的经济效益等，从而为建立旅游环境学提供分类和机理基础。如在旅游环境的质量研究方面，孔博等（2011）、李锋（2011）更倾向于生态旅游环境容量与承载力评价，俞海滨（2011）侧重于旅游环境影响与环境质量管理。当前，旅游环境质量评价更加重视定量与定性分析相结合，并有向指标数量化、评价模型化方向发展的趋势，如运用灰色关联投影模型（李仕兵等，2007）、游客满意度指数模型（王群等，2006）等进行旅游环境质量评价。

（三）游客感知

感知是心理现象系统中基本的部分，即外界刺激作用于人的感觉器官，感觉器官把所接收到的信息资料加以组织、整理和解释的过程。心理学认为，在实践活动中，客观事物直接作用于人的感觉器官，大脑中便产生了关于这些事物的感觉和知觉。因此，感觉和知觉是感知的基本构成。

对于游客感知的研究，学者们多从出游动机以及出游需求等角度出发。董爽等(2019)认为游客感知是游客对旅游目的地印象、信念及思想的综合，是旅游供给发展水平的直接反映，也是游客对旅游活动行为产生的综合反应，即旅游地游客在旅游过程中或结束后，通过大脑产生的主观印象，从而形成的一定想法和态度。吴小根等(2011)认为游客感知是游客在外界刺激物的影响下对目的地旅游过程的感知，即游客通过感官获得的对旅游地的游览对象、环境条件、服务质量等信息的心理过程，是对旅游地产品和服务认知程度的综合反映。陈永等(2011)认为顾客感知价值是顾客的主观感受，取决于顾客的感知，服务的最终评价者是顾客。Molina等(2015)认为游客对目的地的感知就是对旅游产品的综合评价。Agapito等(2014)认为游客感知是对旅游产品的综合评价，会随着景区的主题独特性和感官体验的增强而提高。

综上，游客感知是人们通过感官对旅游对象、旅游环境条件等信息所获得的心理认知过程，是旅游者将外部的旅游信息转换为其自身内部思维的过程(刘建国等，2017)，主要内容包括目的地的管理、环境、服务等。

二、国内外关于旅游环境感知评价的研究

（一）国外关于旅游环境感知评价的研究

国外学者对于旅游环境感知的研究始于20世纪80年代，随着研究的深入，Vaughan等(1999)将旅游环境感知定义为旅游者通过某种主观感受体验而对旅游目的地景观、环境和社会服务等客体的描述。许多学者对旅游环境感知评价的影响因素展开研究。Fatin等(2015)通过调查问卷的方式，从文化、经验和环境的角度出发，探讨游客感知的决定因素。结果表明，游客也意识到文化感知和环境感知是提高旅游忠诚度的两个重要因素。Su等(2017)通过对游客的调查，认为服务公平和质量、目的地环境对游客忠诚度和满意度均有显著影响，而且旅游环境感知会对整体目标满意度产生重大而又积极的影响。

以“tourism environment perception”作为关键词在Web of Science数据库中搜索，共获取1565篇关联文献。在1983年出现第一篇相关文献后，相关研究也在逐渐增加，从2003年的17篇升至2006年的30篇，2012陡增至106篇，2019年高达215篇。不难发现，国外旅游环境感知的研究持续备受关注。排名前十位的研究方向为社会科学、商业经济学、生态环境科学、心理学、地理学、科学技术、生物多样性保护、计算机科学、公共管理、工程学。其中，旅游目的地形象、服务质量、环境质量、环境治理四个方面是国外旅游环境感知评价研究的主要内容。

1. 旅游目的地形象

作为旅游目的地形象研究中认知的基础部分，目的地属性多被用来划分维度。Chen等(2002)将其分为活动维度和吸引物维度，Lee等(2005)将其概括为吸引物、舒适度、异国氛围、费用的价值四个方面，Bonn等(2005)则将其分为环境气氛属性和服务属性两类。在探究性别对游客感知目的地属性重要度的影响时，Meng等

(2008)将自然环境作为自然型目的地感知属性中的六个维度之一。此外,旅游目的地的吸引力作为目的地属性的延伸,其研究也日趋成熟,例如Gearing等(1974)发现吸引力由自然、社会、历史、娱乐及购物设施、基础设施及食宿这五个维度构成。Sarantakou等(2018)研究发现,游客对目的地的看法经常被旅游环境感知影响,这主要通过新技术在旅游和旅游业中发挥关键作用。

2. 服务质量

服务质量是旅游环境感知的重要影响因素,对其研究多从游客满意度视角出发。而在游客满意度的研究中,受到学界广泛关注的是目的地属性的重要度与游客满意度的关系,特别是运用IPA方法进行分析。例如,Meng等(2008)基于IPA方法对自然型度假区的属性进行维度划分并对游客满意度进行了测量。

3. 环境质量

环境质量感知评价是把握环境变化影响的关键,能帮助我们正确认识生态环境,发现问题并及时处理。环境质量感知在某种情境下也可称为环境风险感知,相关研究更倾向于环境的负面评估。其中,若干旅游学研究证实了空气污染会引起旅游者的担忧和焦虑。例如,Yang等(2018)发现空气污染等环境问题会加剧个人的不愉快感,这种消极的情绪体验即使在空气质量改善之后仍会压倒公众记忆,造成环境质量感知的偏差。Simpson和Siguaw(2008)访谈了近8000名欧洲旅游者,绝大多数受访者都承认空气污染使自己在旅行中感到烦躁不安。Moreira(2007)发现,旅游者对“隐性风险”的担忧程度高于“灾难性风险”,而空气污染恰被纳入“隐性风险”范畴。Fuchs和Reichel(2004)也证实了诸如空气污染的恶劣天气和自然灾情会显著提升游客的风险感知水平。

4. 环境治理

在旅游环境感知评价研究中,旅游环境治理是一个日益重要的研究议题。Gajdosik等(2018)从旅游目的地居民视角,通过半结构化访谈方法,分析了居民环境感知与游客环境感知之间的关系,发现居民创造的旅游产品对旅游环境感知有显著的影响,并提出应将居民纳入目的地治理问题中,以提高居民的满意度。Bramwell(2011)提出基于战略关系的政治经济研究法来理解目的地政府的干预或调节手段如何影响旅游的可持续性。从治理模式的角度出发,Hall(2011)从治理的执行层面提出旅游规划与政策实施的三种模式,即自上而下机制、自下而上机制和互动网络模式。

(二)国内关于旅游环境感知评价的研究

虽然不同游客的目的不尽相同,但旅游过程中其实现手段基本一致,即到达目的地后通过自身的知觉器官感受当地的自然、文化、社会、经济、生产、生活和其他环境信息,以获取对外部世界的认知和印象,并转化为一种人生体验而投入未来的生活和工作中,并发挥作用。据此,王迪云(2018)认为旅游是一种特定的环境感知活动。对于旅游环境感知的研究在近几年才得到国内学者的广泛关注,以“旅游环境感知”作为关键词在中国知网数据库中共获取到425篇关联文献。虽然早在2003

年就有文献从环境影响的角度分析有关居民旅游感知的影响因素，而此后旅游环境感知的相关研究也在逐渐增加，2006年首次突破个位数有19篇，可直至2012年才陡增至37篇，2016年高达40篇。不难发现，旅游环境感知在近年才成为研究热点之一。其中，排名前十位的关键词分别是旅游影响、居民感知、游客感知、感知、乡村旅游、旅游环境、旅游感知、游客满意度、影响因素、环境感知；排名前十位所涉及的学科有旅游经济、数量经济、农业经济、环境科学、国民经济、商业经济、工商管理、城市经济、区域经济、林学等，排名第一的旅游经济学科占67.48%。

国内的研究成果近年不断涌现：王群等(2006)以黄山风景区为例，基于ACSI模型，建立了旅游环境游客满意度指数(TSI)测评模型，并通过实证研究发现，社会服务环境感知是影响环境感知的关键因素；郭永锐等(2014)以九寨沟国内旅游者为研究对象，运用结构方程和非参数检验方法，探讨旅游者恢复性环境感知特征及其差异以及恢复性环境感知维度间的影响关系；陈志钢等(2017)以陕西西安为例，运用结构方程模型，研究东道主、游客对城市旅游环境的感知和评价，进而探讨旅游环境、居民与游客三者之间的互动关系。

旅游环境感知评价成为研究热点后，学者多从游客视角出发，在感知价值、空间感知方面开展研究。在感知价值方面，蔡伟民(2015)研究发现游客对精神价值感知程度较高，对设施价值的感知表现为负面，而对服务管理价值和精神价值的感知是一致的；张茜等(2017)研究发现文化价值、体验价值、服务价值正向影响满意度，并通过满意度和地方依恋间接影响忠诚度；周妮笛等(2018)研究发现游客对游玩价值、产品服务价值和感知价格特别重视。在空间感知方面，胡烨莹等(2019)研究发现游客对乡村旅游地公共空间的感知有助于形成地方感，尽管这一影响是通过对空间环境的感知实现的，但公共空间也正是因其这样的空间内涵而成为影响地方感的重要因素；吕龙等(2019)研究发现主、客在时间、空间、文化和情感维度的感知上存在差异，时间维度上游客高于居民，空间、文化、情感维度上居民表现更为强烈。

旅游环境感知评价研究进程中，自乡村振兴战略提出以来，越来越多学者的关注热点更侧重于其乡村性感知方面，刘笑明等(2013)研究发现乡村风光、环境、农家饭菜及服务质量等因素是乡村旅游者最关注的，其中对乡村性特别关注；殷红卫(2016)研究发现吸引旅游者的是独特的乡村风情、乡村景观和乡村文化，可以通过营造乡村旅游地文化氛围和提高旅游地文化娱乐活动内涵的方式达到效果；魏鸿雁等(2014)研究发现从乡村景观、乡村文化、农业经济、社区参与等方面保留或改善乡村旅游地的乡村性，可以达到提高游客满意度与忠诚度的效果，值得注意的是，要注重保留吸引游客的原有乡村景观风貌与乡村文化这一首要因素；刘锐等(2018)研究发现乡土文化与氛围感知和乡村产品与服务感知维度对旅游体验、满意度和行为意向的影响高于其他维度；孔艺丹等(2019)研究发现乡村景观感知不仅直接影响主动型环境责任行为，而且是乡村性感知各要素中驱动游客主动型环境责任行为的最重要因素；王跃伟等(2019)研究发现游客通过体验具备当地乡村特色的、具有持续吸引力和竞争优势的旅游吸引物、相关配套设施以及服务等所获

得的旅游产品感知，对乡村旅游地品牌的功能价值存在显著的正向影响。

三、国内外关于旅游环境感知评价的研究视角和方法

（一）研究视角

1. 游客感知

国内学者多选择我国重要旅游城市和知名生态旅游区的旅游环境质量进行量化评价。近年来，随着乡村振兴战略的提出，从游客感知角度出发对乡村旅游地进行实证研究逐渐成为旅游研究的热点。例如：探讨旅游吸引物和旅游地服务质量的感知评价；在乡村旅游吸引物和旅游服务的基础上增加旅游环境，对这三个方面与游客满意度和重要性评价之间的差距进行对比分析。

2. 空间感知

有学者构建了物理性功能特征和心理性感知特征的乡村公共空间感知维度；也有学者构建本地居民和外来游客对从时间、空间、文化和情感进行表达的乡村文化记忆空间维度。

3. 游客忠诚度

在游客忠诚度方面，有乡村景观、乡村文化、农业经济、社区参与等维度的乡村性感知视角；或文化价值、体验价值、感知成本、服务价值等维度的感知价值视角。

4. 重游意愿

在重游意愿方面，有将感知价值分为管理与服务价值、设施价值、景观价值、项目价值、社会价值、精神价值和成本价值等维度的研究；或对分为旅游产品感知和促销感知两个维度的乡村旅游地供给感知，分为功能价值和情感价值两个维度的品牌价值，以及重游意愿这三者之间的研究。

（二）研究方法

在研究方法上，多以主成分分析、IPA分析、结构方程模型、因子分析为主。研究游客重游意愿与游客忠诚度时，主成分分析、因子分析、结构方程模型使用更多；而IPA分析更广泛地用于研究游客价值感知影响因素。旅游环境评价也开始从最初的主观评判、定性分析的经验方法转向指标数量化、评价模型化的方向发展。

国内有关旅游环境感知评价的实证研究多偏爱选择旅游城市和生态旅游区，缺乏对乡村旅游目的地环境的关注。由于乡村旅游的蓬勃发展，乡村旅游所带来的环境问题日益增多，旅游者对乡村旅游环境要求日渐提高，基于游客视角的乡村旅游环境感知评价工作已刻不容缓。在研究方法上，国内外学者主要采用定性与定量相结合的方法，运用引力模型、空间自相关、社会网络分析、数据包络分析等方法，体现了研究方法的多学科性和融合性。在研究尺度上呈现不断细化的趋势，现有文献从全国尺度、省际尺度、地市尺度对乡村旅游空间分异均有研究，同时也出现了对乡村旅游个案的微观研究。

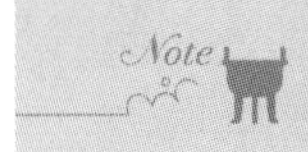

第三节 游客对婺源乡村旅游环境感知评价

一、案例设计

（一）案例地选取

本章选取婺源作为研究案例地，主要有以下三个原因。

（1）婺源有“中国最美乡村”的美誉，是国内著名的乡村旅游地，具有研究的代表性和典型性。

（2）婺源的乡村旅游地知名度高、游客量较大且构成较复杂，具有主体认知研究的典型性。

（3）乡村旅游环境是婺源乡村旅游的核心吸引力组成，探讨其环境治理的问题进而寻求提升环境质量的策略，有利于提高婺源乡村旅游的整体吸引力，促进婺源乡村旅游可持续发展。

（二）指标体系构建

早在1978年，Pizam就从餐饮设施、住宿设施、环境等8个维度对旅游地游客满意度进行测评。Milman（2009）研究发现娱乐项目的丰富程度及质量、生态环境状况、游憩设施的安全性、食品多样性及价格合理性、旅游服务质量等游憩环境是影响游客游憩满意度的重要因素。

国内学者通常围绕旅游活动的“食、住、行、游、购、娱”这六要素来确定游客感知评价的指标体系。例如，王建英等（2019）采用景观质量、游憩设施、游憩环境、游憩项目、游憩服务、游憩消费、游憩可达性7个潜在变量测量居民游憩环境感知对居民游憩满意度和游憩忠诚度的作用和影响；田逢军等（2019）研究发现景点与景色、管理与服务、收费与消费是影响江西城市网络旅游形象的主要因素；汪芳等（2008）采用游憩设施、游憩环境、服务态度和活动体验4个指标对游憩满意度进行评价；卢松等（2017）研究发现乡村写生游客满意度的评价由高到低依次为写生核心吸引物、专门管理与服务、写生氛围、公共服务设施、写生环保设施、食宿设施；刘建国等（2018）认为不同类型旅游景区的游客满意度影响因素中主要因素分别为服务水平、便利性、景区主体特征以及安全水平；姚雪松等（2015）通过问卷调查发现，年龄、性别、出行人数、活动时间和活动类型等因素对老年人的游憩满意度具有重要影响。

在参考上述国内外相关文献的基础上，结合婺源乡村旅游环境的特点，遵守系统性、科学性和客观性的原则，并考虑选取的指标要可测量、易获得，指标之间没有重复性和相关性，构建婺源乡村旅游环境感知评价的初始指标体系。之后邀请10位旅游和乡村研究领域的专家对初始指标体系的设计进行评价和指导，结合专家意见进一步筛选，剔除一些有重复或包含关系的指标，增加一些没有考虑到的指标，最终得到由5个一级评价因子、29个二级评价因子构成的婺源乡村旅游环境感知

评价指标体系(见表1-1)。

表1-1　婺源乡村旅游环境感知评价指标体系

一级评价因子	二级评价因子	来源
空间可达性	空间规划	王建英等(2019)
	空间特征	王建英等(2019)
	停车场的配置规划	王建英等(2019)
	活动场地规划	王建英等(2019)
	周边大众交通	汪芳等(2008)、王建英等(2019)
服务设施	设施的开放程度	汪芳等(2008)、Milman(2009)
	设施的安全性	Milman(2009)
	设施的质量	Milman(2009)
	娱乐设施	Milman(2009)
	休息设施	刘建国等(2018)、王建英等(2019)
	餐饮设施	Pizam(1978)
	导视系统	刘建国等(2018)
活动体验	景区(点)讲解说明	田逢军等(2019)
	文化氛围浓郁	田逢军等(2019)
	活动质量	汪芳等(2008)、王建英等(2019)
	活动管理与服务	汪芳等(2008)
	公共活动空间	汪芳等(2008)
总体特征	资源独特	卢松等(2017)
	资源富有艺术价值	卢松等(2017)
	与其他乡村旅游地相比更有魅力	卢松等(2017)
	建筑美观	汪芳(2008)
	景观品质	卢松等(2017)
	历史文化价值	卢松等(2017)、田逢军等(2019)
生态环境	与周边环境的连接性	Pizam(1978)、Milman(2009)
	空气质量	Pizam(1978)、Milman(2009)
	植被覆盖程度	Pizam(1978)、Milman(2009)
	治安	Pizam(1978)、Milman(2009)
	垃圾污染	Pizam(1978)、Milman(2009)、田逢军等(2019)
	水质	Pizam(1978)、Milman(2009)、王建英等(2019)

如表1-1所示，该婺源乡村旅游环境感知评价指标体系涵盖了乡村旅游地的自然生态环境和社会文化环境两大层面的内容，分为空间可达性、服务设施、活动体验、总体特征和生态环境5个方面，并将其作为一级评价因子，具体又包含了29个二级评价因子，能够较全面地反映游客对婺源乡村旅游环境的感知评价情况。

（三）问卷设计与数据收集

1. 问卷设计

问卷设计主要分为两部分。第一部分是游客对乡村旅游环境的重要性感知和满意度评价，在构建的指标体系的基础上进一步设计具体问项。第二部分是游客的人口学特征情况，主要包括性别、年龄、受教育程度等。

问卷第一部分的测量题项均采用李克特五级量表：每个题项的选项分为5个等级两种类别，即“非常不满意”“不满意”“中立”“满意”“非常满意”和“非常不重要”“不重要”“中立”“重要”“非常重要”。配备的分值为1～5分，对各题项进行计分，获得分数越高，说明被调查者对某题项的内容越赞同。一般情况下，等级评分值为1～2.4分，表示反对；2.5～3.4分表示中立；3.5～5分则表示赞同。

2. 数据收集

问卷的正式发放于2019年10月3日—20日在婺源县风景区进行，时间分布上考虑了工作日、双休日和节假日的特殊情况，现场收集到181份问卷，其中有效问卷164份，有效率为90.61%。

为了弥补问卷样本量的不足，2020年1月1日—2月20日，研究团队邀请曾前往婺源县乡村旅游地的亲朋好友，以及携程、去哪儿、飞猪等平台上对婺源旅游评价过的网友，进行网上问卷填写，共回收177份问卷，其中有效问卷151份，有效率为85.31%。问卷发放及回收情况如表1-2所示。

表1-2　调查问卷发放及回收情况

类型	总数量/份	回收情况		有效情况	
		回收数量/份	回收率/(%)	有效数量/份	有效率/(%)
线上	—	177	—	151	85.31
线下	200	181	90.50	164	90.61
总计	—	358	—	315	87.99

根据统计学家Tinsley(1987)“最佳样本数应为问卷问项数量的10倍”的建议，本次问卷调查有效样本数为315份，问卷的问项数量为29个，基本达到要求。

二、样本人口学特征及其他情况

根据问卷统计的调查结果，样本人口学特征如表1-3所示。

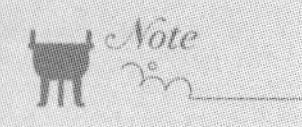

表1-3　样本人口学特征

人口统计变量	分组	人数/人	百分比/(%)
性别	男	184	58.41
	女	131	41.59
年龄	18岁及以下	31	9.84
	19～29岁	179	56.83
	30～45岁	72	22.86
	46～59岁	28	8.89
	60岁及以上	5	1.59
受教育程度	初中及以下	5	1.59
	高中(中专/职高/技校)	25	7.94
	大专	125	39.68
	本科	103	32.70
	研究生	57	18.10
职业	公司企业职员	46	14.60
	公务员	5	1.59
	教师	41	13.02
	农民	2	0.63
	医生	11	3.49
	自由职业者	36	11.43
	军人	1	0.32
	其他	173	54.92
月收入	2500元及以下	139	44.13
	2501～5000元	87	27.62
	5001～8000元	73	23.17
	8001～10000元	11	3.49
	10001元及以上	5	1.59

在年龄方面,游客样本年龄为19～29岁的占总样本一半以上,占比最高,其次是30～45岁年龄段,60岁及以上年龄段人数最少。在受教育程度方面,最为普遍的是大专学历,占39.68%,其次是大学本科学历,与大专学历占比就差约7个百分点,而研究生学历占比不足五分之一,初中及以下学历人数最少。在职业方面,由于调查时遇上各院校写生高峰时期,学生所属其他职业占比超过一半,紧随其后的是公司企业职员和教师,自由职业者与医生总和占14.92%,军人、农民、公务员均是个位数。

总体上看，样本以青年人居多，学生人群占有较大比重，男女性别较均衡，与观察到的实际情况相吻合，说明样本具有一定的代表性。

样本的其他情况如表1-4所示。

表1-4 样本其他基本情况

人口统计变量	分组	人数/人	百分比/(%)
交通方式	公共交通	182	57.78
	私家车	133	42.22
访问次数	一次	180	57.14
	二次	83	26.35
	三次	20	6.35
	三次以上	32	10.16
来源地	省内	276	87.62
	省外	39	12.38

在交通方式上，通过公共交通前往的游客远多于通过私家车。一方面，婺源交通确实便利，从婺源高铁站出站后即可转乘出租车或公交车到达城区老北站，等候前往各个乡镇的班车；另一方面，旅游业的蓬勃发展，衍生出指定专车这一私人定制预约服务，方便舒适。

在访问次数方面，超过一半以上的游客是第一次前往，二次前往的游客也超过总人数的四分之一，说明婺源游客的重游意愿还是很强烈的，不少游客表示多次访问是为了体验不同季节的婺源景色，以及游览之前未能完成的景点。

游客来源地方面，江西省内占多数。这可能是由出游距离决定的，省内游客中南昌市人数占省内总人数的54.3%，其次是婺源县所处的上饶市人数，占8.7%。

三、因子分析

（一）信度与效度分析

问卷的可靠性和有效性分析是对问卷进行数据统计研究的基本，这一环节非常必要。信度是指通过同样的方法对同一对象重复测量时所得结果的一致性程度，信度指标多以相关系数表示。本章采用Cronbach's Alpha信度系数法，它也是目前常用的一种信度测算法。将问卷调研数据利用SPSS 21.0软件进行分析，信度测算通过可靠性分析结果中的Cronbach's Alpha系数进行判断，Cronbachs' Alpha系数值为0～1，一般认为该系数值在0.7以上表明具有良好的信度。由表1-5可知，该系数为0.910，表示此问卷属于高度可靠状态。

表1-5　问卷信度分析

Cronbach's Alpha系数	基于标准化项的 Cronbach's Alpha系数	项数
0.910	0.910	29

问卷的效度测算通过因子分析中KMO(Kaiser-Meyer-Olkin)检测和巴特利特球形检验(Bartlett's Test of Sphericity)进行判断。KMO值越大,表明变量间的共同因素越多,也就是说变量间相关性更强,更适合进行因子分析。本研究中KMO和巴特利特球形检验结果见表1-6,KMO值为0.889,大于0.5,表示此问卷属于高度有效状态。巴特利特球形检验的显著性水平为0.000,小于0.005,应拒绝各变量独立的假设,即认为各变量之间存在相关关系。KMO和巴特利特球形检验的结果说明这些数据较适合采用因子分析模型。

表1-6　KMO和巴特利特球形检验

KMO值		0.889
巴特利特球形检验	近似卡方	2013.910
	自由度	406
	显著性	0.000

(二)公因子提取

采用因子分析萃取方法提取公因子,并对各变量进行公因子方差分析来确定公因子个数。如表1-7所示,特征根大于1的因子有4个,累积方差解释率为54.935%,即前4个因子共解释了所有变量变异程度的54.935%,大于50%,说明有很好的解释能力,表明前4个因子能够很好地反映原变量的大部分信息。

表1-7　解释的总方差

成分	初始特征值			提取平方和载入			旋转平方和载入		
	特征根	方差解释率/(%)	累积方差解释率/(%)	特征根	方差解释率/(%)	累积方差解释率/(%)	特征根	方差解释率/(%)	累积方差解释率/(%)
1	6.365	33.499	33.499	6.365	33.499	33.499	3.384	17.811	17.811
2	1.655	8.711	42.210	1.655	8.711	42.210	2.715	14.291	32.102
3	1.290	6.788	48.998	1.290	6.788	48.998	2.247	11.827	43.929
4	1.128	5.937	54.935	1.128	5.937	54.935	2.091	11.006	54.935
5	0.888	4.672	59.607						
6	0.793	4.174	63.781						
7	0.761	4.005	67.787						

续表

成分	初始特征值			提取平方和载入			旋转平方和载入		
	特征根	方差解释率/(%)	累积方差解释率/(%)	特征根	方差解释率/(%)	累积方差解释率/(%)	特征根	方差解释率/(%)	累积方差解释率/(%)
8	0.748	3.937	71.723						
9	0.664	3.497	75.220						
10	0.624	3.282	78.503						
11	0.588	3.093	81.596						
12	0.526	2.768	84.364						
13	0.507	2.667	87.031						
14	0.481	2.532	89.563						
15	0.441	2.322	91.885						
16	0.427	2.246	94.131						
17	0.397	2.091	96.222						
18	0.388	2.042	98.264						
19	0.330	1.736	100.000						

通过解释的总方差来判断提取公因子个数为4个,继而利用最大方差法对载荷矩阵进行旋转,旋转后的成分矩阵如表1-8所示。

表1-8　旋转成分矩阵

编号	题　项	成　分			
		1	2	3	4
Q18	资源独特	0.629			
Q19	资源富有艺术价值	0.641			
Q21	建筑美观	0.523			
Q22	婺源乡村旅游景观品质好	0.558			
Q25	空气质量好	0.810			
Q26	植被覆盖程度高	0.736			
Q29	水质清洁	0.535			
Q9	娱乐设施充足		0.613		

续表

编号	题　项	成　分			
		1	2	3	4
Q10	休息设施充足		0.753		
Q11	餐饮设施充足		0.683		
Q12	导视系统便利		0.725		
Q16	活动管理与服务质量高		0.519		
Q6	设施的开放程度高			0.700	
Q7	设施的安全性好			0.783	
Q8	设施的质量好			0.698	
Q1	空间规划完整、风格统一				0.718
Q2	能表现婺源乡村旅游的空间特征				0.572
Q3	停车场的配置规划合理				0.585
Q5	婺源乡村旅游周边大众交通便利				0.596

载荷矩阵旋转后，公因子1主要由Q18、Q19、Q21、Q22、Q25、Q26、Q29等变量决定，方差贡献率为17.811%，这7个变量主要反映婺源的旅游资源条件和环境，故将其命名为“资源环境”因子。

公因子2主要取决于Q9、Q10、Q11、Q12、Q16等变量，方差贡献率为14.291%，这些变量主要反映婺源的旅游设施，故将其命名为“设施环境”因子。

公因子3主要取决于变量Q6、Q7、Q8，方差贡献率为11.827%，这些变量主要反映婺源旅游的管理服务，故将其命名为“服务环境”因子。

公因子4主要由变量Q1、Q2、Q3、Q5决定，方差贡献率为11.006%，这些变量主要反映婺源旅游的空间规划，故将其命名为“空间环境”因子。

四、IPA分析

（一）IPA模型构建

在上述公因子提取的基础上，以保留下来的19个题项作为指标层，以提取的4个公因子为制约层，构建婺源乡村旅游环境感知评价的重要性—满意度（IPA）模型（见表1-9）。

表1-9 婺源乡村旅游环境感知评价的IPA模型

目标层	制约层	指标层	满意度		重要性	
			均值/分	标准差	均值/分	标准差
婺源乡村旅游环境感知评价	资源环境	Q18资源独特	3.91	0.873	3.71	0.994
		Q19资源富有艺术价值	3.97	0.829	4.11	0.839
		Q21建筑美观	3.90	0.808	3.69	1.097
		Q22婺源乡村旅游景观品质好	3.83	0.828	4.03	0.746
		Q25空气质量好	4.12	0.791	4.30	0.664
		Q26植被覆盖程度高	4.10	0.828	4.21	0.727
		Q29水质清洁	3.80	0.868	4.40	0.713
	服务环境	Q9娱乐设施充足	3.52	0.864	3.67	0.898
		Q10休息设施充足	3.68	0.823	3.91	0.855
		Q11餐饮设施充足	3.70	0.907	3.83	0.774
		Q12导视系统便利	3.64	0.826	3.96	0.873
		Q16活动管理与服务质量高	3.65	0.833	3.88	0.791
	设施环境	Q6设施的开放程度高	3.74	0.843	3.61	0.883
		Q7设施的安全性好	3.73	0.807	4.05	0.631
		Q8设施的质量好	3.71	0.782	4.19	0.719
	空间环境	Q1空间规划完整且风格统一	3.81	0.796	3.56	0.927
		Q2能表现婺源乡村旅游的空间特征	3.90	0.743	3.61	0.904
		Q3停车场的配置规划合理	3.57	0.884	4.08	0.673
		Q5婺源乡村旅游周边大众交通便利	3.77	0.874	4.20	0.697

按照游客感知评价的满意度均值结果，满意度从高到低的评价结果依次为资源环境、空间环境、设施环境、服务环境；重要性从高到低的评价结果依次为资源环境、设施环境、空间环境、服务环境（见表1-10）。

表1-10 游客对婺源乡村旅游环境重要性和满意度的评价结果

目标层	制约层	满意度/分	均值/分	重要性/分	均值/分
婺源乡村旅游环境感知评价	资源环境	3.95	3.77	4.06	3.93
	服务环境	3.64		3.85	
	设施环境	3.73		3.95	
	空间环境	3.76		3.86	

如表1-10所示，游客对婺源乡村旅游环境重要性和满意度的评价均值均高于3.5分。按照李克特五级量表的划分方式，等级评分值为3.5～5分表示赞同。因此，可

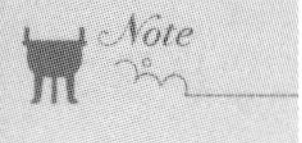

以认为游客对婺源乡村旅游环境整体上具有良好的感知和肯定性评价，婺源乡村良好的环境是吸引游客前往婺源旅游的重要原因。

另外，游客对婺源乡村旅游环境的感知评价指标中，重要性评价的均值为3.93分，满意度评价的均值为3.77分，两者存在一定差距，说明婺源的乡村旅游环境治理尚有提升空间。

（二）环境感知制约层IPA分析

在上述婺源乡村旅游环境感知评价的IPA模型基础上，进一步对环境感知制约层进行IPA分析。

IPA分析法，即重要性—表现程度分析法，最早出现于1977年，Martilla等人将其运用于分析汽车经销商营销项目的有效性评价，后Evans等将该方法引入了旅游研究领域，尤其是生态旅游方面。陆杏梅等(2010)基于IPA分析法对城市滨水区旅游形象的感知影响因子进行分析，其中的旅游基础设施是否完善为关注程度最高的因子。李玺等(2011)基于IPA模型对旅游目的地感知形象非结构化测量应用研究中，发现居民态度、交通设施、经济发展态势等形象要素的正面感知正向影响旅游者推荐意愿，餐饮产品、社会文化氛围、政治历史等形象要素的正面感知也有助于旅游者推荐意愿的产生。此外，判断重要决策时也经常运用IPA分析法：景秀丽等(2018)对旅游目的地形象感知分析及政府主导策略研究中，运用网络文本分析法与IPA模型，从形象定位、资源开发、旅游信息化和全域旅游四个维度提出实践对策；黄淑萍等(2019)通过IPA分析法对千岛湖国家森林公园游憩资源评价与提升策略进行研究；张瑞等(2019)基于网络文本与IPA模型分析的上海辰山植物园旅游形象感知研究中，以高频词汇和语义网络分析结果为基础，运用IPA分析法构建分析模型，分析游客的目的地旅游体验要素结构和游客体验质量的评价。

陆杏梅等(2010)在对城市滨水区旅游形象进行IPA分析时，采取配对样本t检验。为检验每对指标的重要性和满意度的差别是否具有统计学意义，本章同样采用配对样本t检验，将置信水平设置为95%，而p值则为显著性的代表。p值越小，差异越明显：若其小于0.05，表示差别显著；若小于0.01，则表示差别非常显著。结果如表1-11所示。

表1-11　配对样本t检验结果

目标层	制约层	指标层	t值	p值
婺源乡村旅游环境感知评价	资源环境	Q18资源独特	2.881	0.004
		Q19资源富有艺术价值	−2.374	0.018
		Q21建筑美观	3.038	0.003
		Q22婺源乡村旅游景观品质好	−3.785	0.000
		Q25空气质量好	−3.393	0.001
		Q26植被覆盖程度高	−2.048	0.041
		Q29水质清洁	−11.088	0.000

续表

目标层	制约层	指标层	t值	p值
	服务环境	Q9娱乐设施充足	−2.401	0.017
		Q10休息设施充足	−3.738	0.000
		Q11餐饮设施充足	−2.314	0.021
		Q12导视系统便利	−5.731	0.000
		Q16活动管理与服务质量高	−4.247	0.000
	设施环境	Q6设施的开放程度高	2.063	0.040
		Q7设施的安全性好	−9.473	0.000
		Q8设施的质量好	−6.051	0.000
	空间环境	Q1空间规划完整且风格统一	3.853	0.000
		Q2能表现婺源乡村旅游的空间特征	5.048	0.000
		Q3停车场的配置规划合理	−9.342	0.000
		Q5婺源乡村旅游周边大众交通便利	−7.460	0.000

从表1-11可知，19个指标的差异均非常明显。其中满意度均值与重要性均值之差为正值的分别是Q18资源独特、Q21建筑美观、Q6设施的开放程度高、Q1空间规划完整且风格统一、Q2能表现婺源乡村旅游的空间特征，表明婺源乡村旅游在这些方面能满足游客的期望。

在架构婺源乡村旅游环境评价IPA模型时，将重要性列为横轴、满意度列为纵轴，并分别对重要性、满意度评价之总平均值分别作为横轴和纵轴的分割点，将空间分为4个象限，得到环境感知制约层IPA分析图，如图1-1所示。

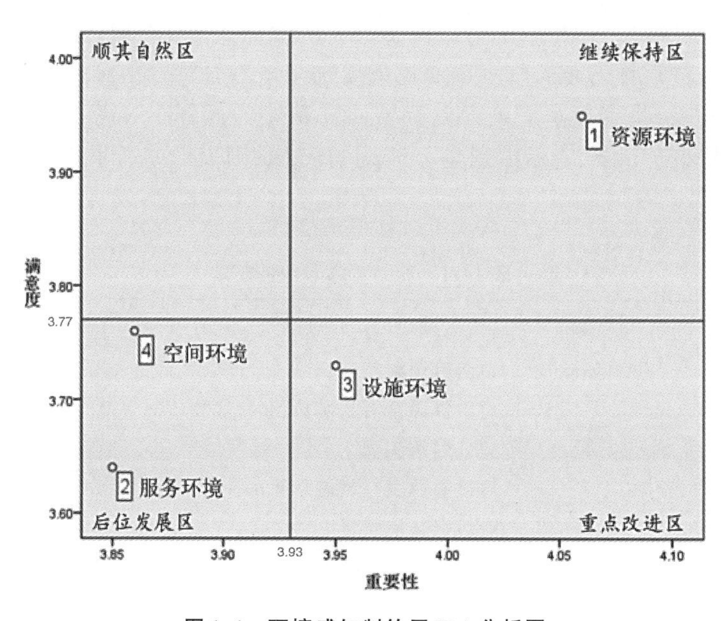

图1-1　环境感知制约层IPA分析图

第一象限(继续保持区)表示游客非常重视,且感到满意的部分。

第二象限(顺其自然区)表示游客不甚重视,但感到满意的部分。

第三象限(后位发展区)表示游客不甚重视,且感到不满意的部分。

第四象限(重点改进区)表示游客非常重视,但感到不满意的部分。

如图1-1所示,“资源环境”分布在重要性强、满意度高的第一象限,需要继续保持,这一结果与婺源旅游资源之丰富密切相关。婺源素有“八分半山一分田,半分水路和庄园”之称,因生态环境优美和文化底蕴深厚,被誉为“中国最美乡村”。全县森林覆盖率达82.64%,空气、地表水达国家一级标准,负氧离子浓度高达每立方厘米7万~13万个,是一个天然“大氧吧”;有草、木本物种5000余种,国家一、二级重点保护动植物共80余种;有世界濒临绝迹的鸟种蓝冠噪鹛、世界最大的鸳鸯越冬栖息地鸳鸯湖等。良好的自然条件孕育了丰富的旅游资源和地方特产。

“空间环境”分布在重要性弱、满意度低的第三象限,属于需要后位发展的部分,这与婺源地势分不开。婺源位于赣东北,东邻浙江省开化县,西毗景德镇市,北接安徽省黄山市,南接德兴市,全县属丘陵地貌,地势大致由东北向西南倾斜,境内山峦重叠,溪涧纵横。尽管婺源的对外交通便利,有景婺黄、景婺常两条高速公路,一小时车程内有黄山、景德镇、衢州和三清山4个机场,京福高铁纵贯南北,九景衢铁路横亘东西,但由于婺源土地面积达2967平方千米,全县辖16个乡(镇),景区旅游路线跟随季节变化,县内公共交通则也随淡旺季运行时间不同,游客只能被动跟着主流游览,这也导致游客满意度较低。

“服务环境”也分布在重要性弱、满意度低的第三象限,属于需要后位发展的部分,这与婺源的景区开发有关。景区开发得比较早,其间要么大打名人牌,推出各种名人游;要么就完全走小清新的线路,主推油菜花和梯田;要么走田园生活风,推荐晒秋特色。这一宣传导致游客量比较集中,而吃、住、行、游、购、娱方面也扎堆在各热门景区。加上全程由高速串联,节假日出现严重堵车现象,到处都是去婺源各个景区“赶集”的车。

“设施环境”分布在重要性强、满意度低的第四象限,需要重点改进,这与婺源景区的季节性相关。婺源游览线路分为东线、北线和西南线三条:东线包括李坑、汪口、晓起、江湾、篁岭、江岭、五龙源等;北线包括思溪延村、彩虹桥、源头、严田、理坑、石城、灵岩洞、大鄣山卧龙谷等;西南线包括瑶湾、文公山、清风仙境、鸳鸯湖等。“春天领略江岭梯田,秋天欣赏篁岭晒秋”,这一现象导致景点游客量分布不均,各景点关注度的下降直接影响服务质量。本次调研正值深秋,江岭梯田人数寥寥无几,部分游客前往景点时遇到服务人员极力劝解改道游玩,以淡季为由告知多处景点未开放,游客扫兴而归。

(三)环境感知指标层IPA分析

在上述环境感知制约层IPA分析基础上,进一步对指标层进行IPA分析,以探讨婺源乡村旅游环境治理的提升策略。

1. 资源环境IPA分析

资源环境IPA分析如图1-2所示。

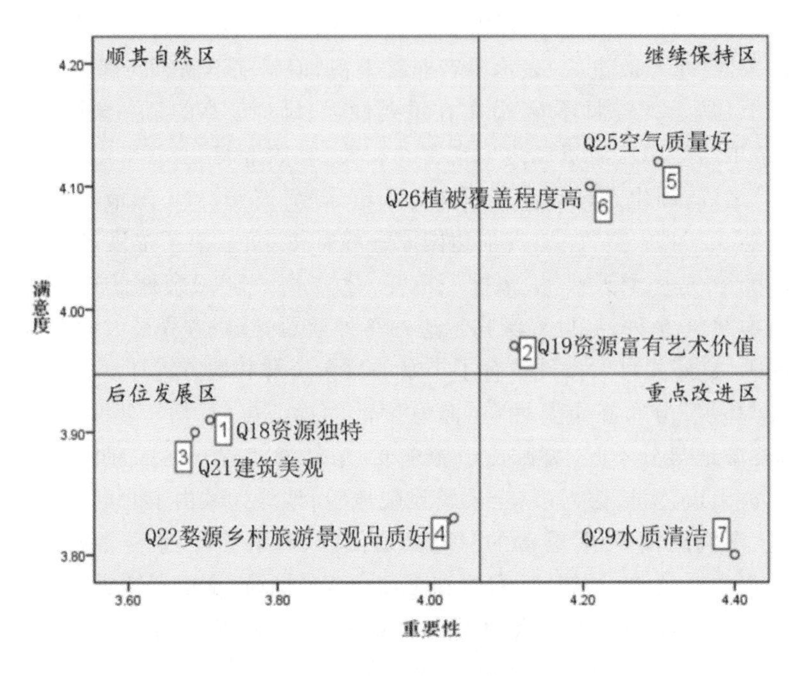

图1-2 资源环境IPA分析图

如图1-2所示,"资源环境"中"空气质量好""植被覆盖程度高""资源富有艺术价值"均分布在重要性强、满意度高的第一象限,需要继续保持。婺源获评"中国天然氧吧"称号,这里山明水秀、松竹连绵,是全国著名的文化与生态旅游县。比起南方水乡的典雅之美,婺源更具依山傍水、翠微缭绕的朴素之美。白色建筑、层层梯田、缭绕云雾相映成趣,颇具艺术气息。

"资源独特""建筑美观""婺源乡村旅游景观品质好"分布在重要性弱、满意度低的第三象限,是需要后位发展的部分。游客过多关注于婺源主打的生态特点,相对而言忽视了婺源的徽派古建筑。众所周知,婺源代表文化是徽文化,文风鼎盛,名胜古迹遍布全县。婺源县境内纵横密布着碧而清澈的河溪山涧,古树茶亭与廊桥驿道融于一体。特别是其中的李坑景区,四面环山,村前是大片的油菜花田,入春后满山遍野的金黄,村内溪河两岸多傍有徽派的古建筑,灰墙白瓦,十分古朴素净。

"水质清洁"分布在重要性强、满意度低的第四象限,需要重点改进。婺源县地表水水质常年达标率为100%,而调研过程中部分前往写生的游客绕李坑景区十分钟不到便折返,是因为中间的河水污染。水质清洁在游客众多的时候确实难以及时把控,但在加强对游客环保宣传的同时,也应动员景区内服务人员共同努力,以减少游客旅游活动中对环境造成的负面影响。

2. 服务环境IPA分析

服务环境IPA分析如图1-3所示。

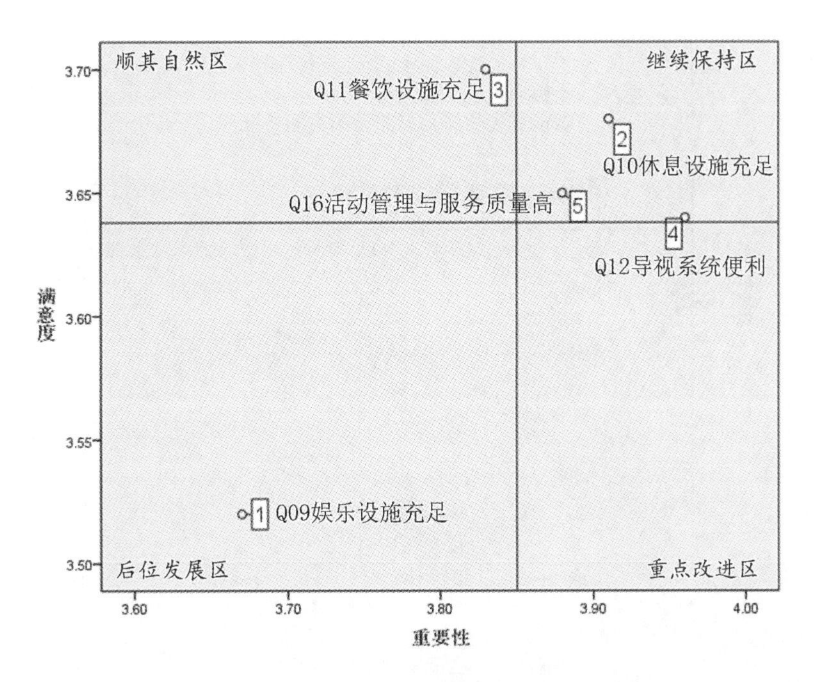

图 1-3　服务环境 IPA 分析图

如图1-3所示,"服务环境"中"休息设施充足""活动管理与服务质量高""导视系统便利"均分布在重要性强、满意度高的第一象限,需要继续保持。即使在旅游淡季,人烟稀疏,但婺源的导视系统还是很便利。而当地不只村民,连游客都是"活地图",人人都略知旅游精品三条线上的规划景区。游客沿途欣赏风景的同时,都能小憩,特别是每一处景区的游客中心,都设置充足的休息设施,游客中心的服务人员也会详细解答游客的问询。

"餐饮设施充足"分布在重要性弱、满意度高的第二象限,可以顺其自然。当地餐饮设施非常充足,但过于单一,大多都是农家菜馆,多半以食材质感和新鲜度著称,口味上地方特色浓郁;古徽州的饮食口味偏咸,腌制类食物特别丰富,这也使得游客在饮食中能感受特色。或许是因为餐饮设施充足,且设置在景区中,以致游客反映价格普遍偏贵,直接影响其在重要性评价中的分值。

"娱乐设施充足"分布在重要性弱、满意度低的第三象限,是需要后位发展的部分。"娱乐设施充足"的评价不高,这与婺源实施"发展全域旅游、建设最美乡村"战略息息相关。婺源在娱乐游玩方面,主推慢生活,游客体验多以静态的景色欣赏为主,参与度不高,可倾向于规划动态观光体验活动。

3. 空间环境 IPA 分析

空间环境 IPA 分析如图1-4所示。

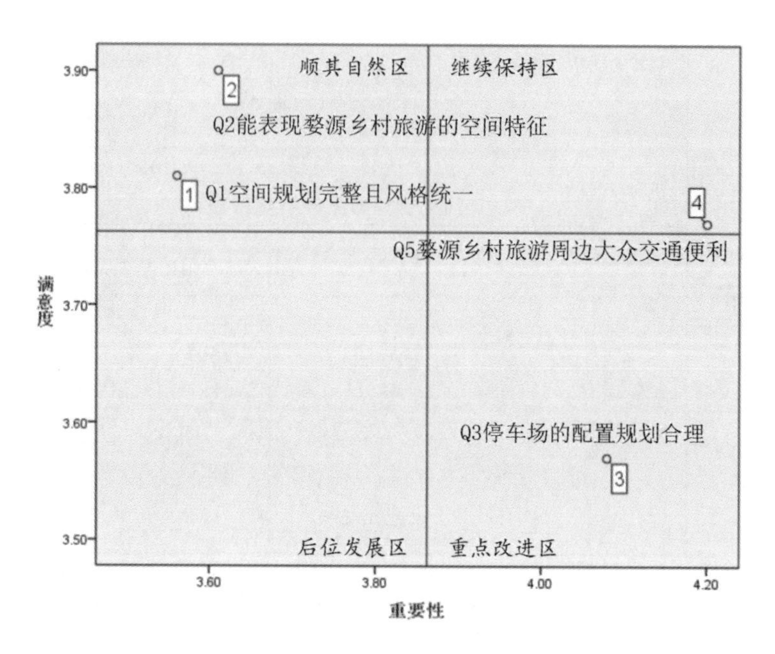

图1-4　空间环境IPA分析图

如图1-4所示，“空间环境”中“婺源乡村旅游周边大众交通便利”分布在重要性强、满意度高的第一象限，需要继续保持。婺源位于皖、浙、赣三省交界处，它的交通便利得益于其得天独厚的地理位置。境内主要交通有307省道和308省道，景婺黄、景婺常两条高速公路，京福高铁、九景衢铁路，附近有景德镇机场、黄山机场等。婺源对外交通便利，正成为江西对接长三角和海西经济区的前沿。

“能表现婺源乡村旅游的空间特征”“空间规划完整且风格统一”分布在重要性弱、满意度高的第二象限，可以顺其自然。婺源县把全县作为一个大景区来谋划、建设和管理，在“多规合一”的框架下，坚持规划引领，统筹城乡开发，逐步实现步步皆景、四季宜游的旅游新格局。2001年起，婺源先后启动三轮“徽改”，并要求全县所有新建建筑保持徽派特色，基本实现了全县建筑风格统一、风貌协调，打造了“徽派建筑大观园”。

“停车场的配置规划合理”分布在重要性强、满意度低的第四象限，需要重点改进。婺源熹园就存在停车场面积偏小且路面硬化或生态性不足的问题。还有部分景区，游客被景点入口与景区的距离所困扰，检票处的停车场与景区间隔一两千米，而为了省时间，游客可以选择搭乘电瓶车，但价格没有明确标准，使游客误解景区内变相创收。婺源应加强对景区内停车场规划管理的问题研究，规范景区内交通秩序。

4. 设施环境IPA分析

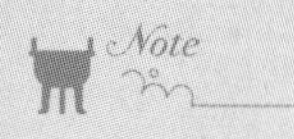

设施环境IPA分析如图1-5所示。

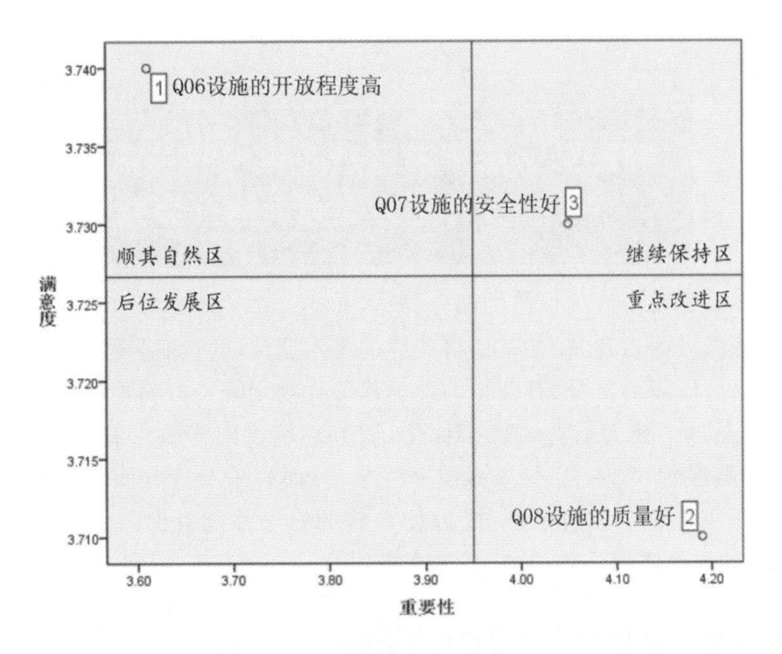

图1-5　设施环境IPA分析图

如图1-5所示，“设施环境”中“设施的安全性好”分布在重要性强、满意度高的第一象限，需要继续保持。在安全性方面，婺源着实下了功夫。每个景点都设有保安巡逻站岗，他们最早到达景区且最晚撤离景区，保障游客的安全和合法权益。婺源有针对性地加大对生态环境、旅游、农村生活等领域的线索摸排，调动多部门联合执法，并实现全县范围、各行业、各领域摸排全覆盖，结合“脚板走访”与“网络对话”的有机互动，实现了全县旅游治安秩序良好。

“设施的开放程度高”分布在重要性弱、满意度高的第二象限，可以顺其自然。少数游客发现婺源还有很多未开发的小村落，更倾向于感受未商业化的乡土气息，但初来乍到很难前往非旅游景区，这也就拉低了游客对婺源设施开放程度的评价分值。

“设施的质量好”位于重要性强、满意度低的第四象限，需要重点改进。婺源曾被评为“国家级出口食品农产品（茶叶）质量安全示范区”“国家重点生态功能区”“国家生态旅游示范区”，但仍存在熹园景区垃圾桶风格多样和外观污损且数量不足、大鄣山卧龙谷外部交通公路等级低且路况差、江湾旅游商品特色不足并缺乏明码标价等设施质量问题。可见，游客对婺源的期待很高，对婺源设施环境中的质量问题倍加关注。

第四节　基于游客感知评价的婺源乡村旅游地环境治理策略

资源环境是需要继续保持的部分，游客往往过多关注婺源主打的生态特点，而忽视了婺源徽派的古建筑，尤其值得关注的是水质清洁方面需要重点把控。空间环境是需要后位发展的部分，其独特的地理优势在规划开发方面物尽其用，设计合理科学，但停车场的配置有待进一步优化。服务环境也同样属于需要后位发展的部分，游客对婺源餐饮、休息、导视系统非常肯定，而娱乐项目方面需要创新发展。设施环境却是需要重点改进的部分，即使设施的安全性能有保障，维稳工作也很及时，但设施的质量需要完善维护。具体策略如下。

一、保护乡村旅游资源环境

婺源乡村旅游环境中的资源环境分布在满意度高且重要性强的第一象限，说明婺源乡村旅游资源环境得到较高的肯定，这也侧面反映出婺源资源环境的独特性和代表性。在婺源，遍布乡野的历史遗迹、明清古建筑，田园牧歌式的氛围和景色，徽剧、傩舞、徽州三雕（石雕、砖雕、木雕）、歙砚和绿茶等非物质文化遗产的演绎和制作技艺，都是最能体现婺源独特属性的乡村旅游资源。乡村旅游资源，作为乡村旅游活动的物质基础，无论是对乡村居民还是城市居民都能产生吸引力，并能满足其旅游需求。乡村旅游资源既有多样性、系统性，也表现出脆弱性、地域性，唯有保护好乡村旅游资源环境，才会产生足够吸引力。

而婺源的水质清洁问题，直接影响婺源的旅游资源，解决问题刻不容缓。水污染除了加剧水资源短缺外，还危及饮用水安全，因此，应该严格按照区域生态规划，充分考虑水资源的承载能力。在政府层面，需加以引导，使公众获取到清晰易懂的信息，同时增强公众的环境知识、环保意识，使环保宣传社会化、环保意识全民化，形成环保事业人人参与、社会舆论广泛监督的环境保护工作局面；提倡文明行为、文明旅游，形成良好的旅游氛围。在游客层面，需要提高自身的修养，在行为上需加强自我约束并提高环境保护意识。公众明确了自己的职责、义务和环境保护的重要性，才能使环境保护落实到具体的行动中。政府和游客双管齐下，保护乡村旅游资源环境。

婺源应运用独特的资源属性，不仅要呈现出保持完好的明清古建筑，还要展现田园牧歌式的氛围和景色，以及良好的资源环境，这会使得游客日后在资源环境部分的评分更高。

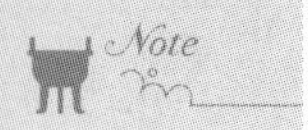

二、创新乡村旅游服务环境

婺源乡村旅游环境中的服务环境分布在满意度低且重要性弱的第三象限,说明婺源乡村旅游服务环境处于后位发展的阶段。对游客而言,一次令人满意的乡村旅游体验,并非单一的游憩活动便能达成,游客与乡村的生活形态进行整体性接触才能获得更好的旅游体验。针对不同游客的需求,在乡村旅游服务环境方面要注重多元化、体验性和原真性,比如美食品尝、烹饪培训、农产品采摘、园艺培训、动植物观赏等项目。而乡村旅游服务管理方面也应做好相应的创新:①建立乡村旅游民俗节事活动的基础数据;②创新旅游项目管理;③加强合作管理;④加强对乡村旅游市场的管理,建立有关方面参加的乡村旅游联合执法和乡村旅游服务质量监管协调机制;⑤加强乡村旅游执法队伍建设,对乡村旅游执法监督人员的培训加大力度,以提高其执法能力和监管水平。同时,在提高乡村旅游服务的质量方面,要树立提高乡村旅游服务质量的意识和观念,不断创新服务项目。

三、优化乡村旅游空间环境

婺源乡村旅游环境中的空间环境也分布在满意度低且重要性弱的第三象限,说明婺源乡村旅游空间环境处于后位发展的阶段。婺源虽对外交通便利,但部分景区内停车场与景点检票处相距较远,以致游客空间感知评价得分较低。地理位置和交通条件决定了乡村旅游的可达性,进而影响乡村旅游市场状况,因此将潜在客源转化为现实游客的关键在于提供方便快捷的交通。道路交通是乡村旅游发展的基础条件,道路交通条件差、不通畅,就存在进不来、出不去、行路难等情况,自然会把游客拒之门外,因此空间环境中的交通问题亟待解决。

国内部分地区乡村旅游正向集观光、娱乐、休闲、参与、知识、保健等于一体综合发展,乡村旅游空间开发方面非常重视空间的多元化、特色化和自然生态等。乡村旅游地的空间优化组合,可以增加乡村旅游的附加值,也能为游客提供一个完整、丰富的乡村旅游体验,增加重游机会。空间的优化,可以使游客在区域范围内自由流动循环,充分体现区域整合的优势:第一,要建立布局合理、层次分明、结构优化、功能完善的公路网,进一步提高公路通达深度,保证城镇与乡村、景区之间快速有效的连接;第二,要保证各乡村各景区的可进入性,改善乡村道路建设状况,优化旅游线路,最大限度地共享乡村文化旅游资源,延长游客的停留时间。

四、完善乡村旅游设施环境

婺源乡村旅游环境中的设施环境分布在满意度低但重要性强的第四象限,说明婺源乡村旅游设施环境处于重点改进的阶段。婺源乡村旅游以自然景观为主,大部分设施在开发前功能单一,产品雷同,单一的“吃农家饭、干农家活、住农家房”,不能满足游客多层次、多样化和高文化品位的旅游需求。乡村旅游设施的建设应该尽量方便游客的旅行,由于游客对乡村旅游设施最突出的要求就是自然古朴和干

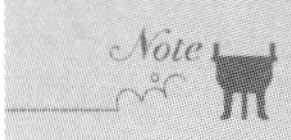

净整洁,乡村旅游设施的基调必须是单纯朴实的;乡村旅游设施建设要注意多做“减法”,少做“加法”。

在遵循这两大乡村旅游设施建设的总体要求下,坚持乡村性、自然性、闲置性的基本原则,从餐饮、休息、导视、娱乐4个方面完善乡村旅游设施环境配套。餐饮设施方面,布局与硬件配置要合理,厨房排烟设施应科学,厨房必须配齐消防设施。住宿设施方面,要突出其民居化,装饰要体现当地的民俗文化。导视设施方面,要充分利用已有道路和田埂道,进行合理的步道设计。娱乐方面,以乡村风光观赏、农业展示、农业劳作、乡村居民生活、乡村民俗、乡村商贸六大类型为主题,发展“观光+参与娱乐”“观光+休闲度假”“观光+科技”“观光+生态文化”等多功能复合型模式,并提高对乡村旅游产品的参与性、文化性、特色化的要求。在旅游业飞速发展的今天,乡村旅游者需求的个性化、多样化倾向日益明显,乡村旅游设施环境方面应更新理念,把握乡村旅游最新脉搏,努力完善乡村旅游设施环境配置,以满足现代乡村旅游消费者的需求。

本章小结

本章选取婺源乡村旅游地为研究案例地,通过实地发放问卷获取一手数据,采用数理统计分析方法探讨游客对婺源乡村旅游环境的感知评价。在此基础上,探讨婺源乡村旅游地环境存在的问题并提出提升环境的治理策略。主要研究结论如下:

(1) 乡村旅游环境是婺源乡村旅游吸引力的重要组成。研究结果显示,在315份有效样本中,被调查者对婺源乡村旅游环境重要性和满意度的感知评价均值均高于3.5分,说明游客对婺源乡村旅游环境整体上具有良好感知和肯定性评价,良好的旅游环境是吸引游客前往婺源旅游的重要原因。

(2) 游客对婺源乡村旅游环境的感知评价主要可归类为“资源环境”“服务环境”“空间环境”“设施环境”4个方面,这也是婺源乡村旅游环境治理需要重点关注的内容。

(3) 游客对婺源乡村旅游环境的感知评价具有差异性,说明婺源乡村旅游环境治理也需要实施差异化策略。研究结果表明,婺源“资源环境”方面得到了游客的普遍认可,是需要继续保持的方面;“空间环境”“服务环境”是需要后位发展的方面;而“设施环境”则是需要重点改进的方面。

(4) 婺源乡村旅游环境的治理尚有提升空间。研究结果表明,被调查者对婺源乡村旅游环境重要性的总体感知评价均值和满意度的总体感知评价均值之间有一定差距,说明婺源乡村旅游环境治理尚有提升空间。

第二章

官方微博传播的乡村旅游景观意象感知

学习目标

1. 了解官方微博传播的乡村旅游景观的发展与研究意义。
2. 了解国内外旅游微博传播发展与营销发展。
3. 了解官方微博传播的婺源乡村旅游意象。

第一节　官方微博传播乡村旅游景观的发展与研究意义

一、官方微博传播乡村旅游景观的发展

微博作为新兴媒介已成为人们获取信息的重要来源，2020年2月26日，微博发布2019年第四季度及全年财报。数据显示，截至2019年底，微博月活跃用户达到5.16亿，相比2018年底净增长约5400万；伴随着微博功能的迭代更新，以及其社会功能的深度体现，微博的使用者正在逐年猛增，且使用者年龄降低，更多人开始使用微博手机端，区域覆盖也扩展到了三四线区域。互联网使个性化得到了进一步延展，将原本的一个个“孤岛”连接为“互联网大陆”，并且用户可以随时随地分享心

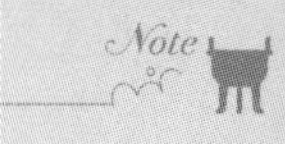

情、表达观点，与之前的传统媒体对比，其组成运营与思维均截然不同。旅游景区的宣传也从传统电视、报纸、广播等媒体的经营转向了网络。以微博为代表的新媒体具有传播效率高、分享范围大的特点，能够突破时间和空间的局限，与用户进行及时有效的双向交流与沟通，从而提升景区的知名度，完善景区服务。同时，旅游景区借助微博能够对潜在消费者进行有针对性的跟踪调查，了解他们的偏好，开展更有效的精准营销，因此景区从传统媒体向新媒体延伸也成为流行趋势。

2019年以来，微博上的旅游内容生态也在发生着变化，文化、体验、乡村、民宿、生态、研学、艺术、自驾、博物馆等文化旅游相关的深度游和主题游内容的发布量和影响力都有明显提升。2019年上半年微博上与文旅内容相关的关键词提及量超过5亿条，同比增长14%，阅读量超过16亿，同比增长28%；提及博文互动量达到6219亿，同比增长7%。

与此同时，微博作为新兴媒介也已成为人们获取信息的重要来源，数量庞大的微博用户中，不乏有通过微博来甄选旅游地的人。一些优秀的基于微博平台的旅游宣传成功案例也给出了新的启示，旅游决策“KOL化”逐渐成为包括旅游业在内的各行业不可忽视的发展趋势。在互联网飞速发展的今天，微博平台的营销对旅游业产生的影响已逐年显露。

二、官方微博传播乡村旅游景观的研究意义

（一）乡村旅游研究与时代发展接轨

一直以来乡村旅游研究多以旅游地当地为研究对象，甚少有文章选择对乡村旅游地的官方微博营销进行分析。本章以婺源篁岭官方微博为研究对象，丰富了乡村旅游研究的内容和主题。微博作为全媒体社交平台，为用户提供多种呈现、表达方式，展现的信息更加真实，个体感受更为突出，也令乡村旅游的研究与时代发展接轨。此外，本章对于旅游意象的研究方法以实证调研及问卷调研为主，以网络文本为基石，使用内容分析法，通过ROST CM6.0来进行文本分析，拓展了旅游意象的研究方法。

（二）树立官方形象

由于微博登录便捷，信息量丰富，愈来愈多的旅游消费者，尤其是年轻旅游群体，开始选择以微博为旅游资讯获取平台，并分享他们的旅游体验。由于微博的传播逻辑，这一部分群体也在悄然改变着其他潜在旅游消费者的意向，一个崭新的市场营销蓝海浮现出来。市场敏锐的景区官方与其他企业抓紧时机入驻微博，通过丰富多样的宣传文字、具有视觉冲击力的图片和视频以及特色活动吸引游客关注，并逐渐搭建起自己的官方形象，但官方微博在平台上塑造的形象及预期的传播效果尚不可知。

第二节　国内外旅游微博传播与营销研究

一、国内外旅游微博传播研究

互联网时代的迅猛发展,使社会化媒体成为学界和业界的研究重点,伴随互联网环境的改变,社会化媒体平台的使用者数量逐年增长,社会化媒体也成为营销运营的重要阵地。社会化媒体是一系列在线媒体的统称,这些媒体具有参与、开放、沟通、对话、社区和连通性的特征。社会化媒体允许用户拥有更多的选择权和编辑功能,并将自己聚集到特定的阅读社区部落中,该部落可以以许多不同的形式呈现,例如文本、图像、音乐、视频等。Twitter(推特)与微博便是典型的社会化媒体。

(一) Twitter

Twitter是一家美国社交网络及微博客服务的网站,具有大约3亿活跃用户,每天的总发文量达到5亿篇。作为当今全球互联网上访问量前十的网站之一,其影响力不言而喻。而目前对于Twitter的研究更多的是对于其技术与应用的研究,如内容的剖析、传播、推广等。正是基于Twitter这样的传播特点,有研究指出其在实现品牌信息输送和用户互动方面有着巨大的优势。Twitter显而易见的互动优势,使得阅读更快速、内容更核心、传播更广泛,商家们源源不断地入驻也证明着这个论点。

(二) 微博

和Twitter相同,国内微博也具有巨大的影响力和庞大的用户数量,移动互联网大数据监测平台Trustdata发布的《2020年Q1中国移动互联网行业发展分析报告》显示,微博月活跃用户保持高速增长态势,2020年3月同比增长达40.7%。疫情期间,微博用户实时关注疫情动态,整体活跃度较为均衡。目前,微博正朝着建立全民社交媒体平台的方向发展。

旅游属于体验型服务、即时消费型产品。旅游目的地管理机构利用微博进行目的地营销推广是一种新兴手段,也产生了一定的正面影响。以2018年微博活动#带着微博去旅行#为例,为期两个月的活动中话题总参与人次突破1亿,话题阅读量突破400亿,可以看到微博用户中旅游群体的庞大体量。对于旅游业而言,旅游目的地管理机构在微博平台上的有效营销将带来品牌知名度和游客流量的双丰收。旅游目的地管理机构发布的信息因其完整性、多样性、权威性,成为旅游人群重要的参考信息。

虽然也有人提出论点,认为与官方微博相比,个体微博的可信度更高,但个体微博从传播主体来看,用户参与信息传播;从传播内容上看,信息传播"碎片化"。有学者曾梳理了Twitter的发展历程,并通过与其他媒体的对比,指出Twitter快速、便捷的特点,但与传统媒体相比,Twitter具有信息繁杂、可信度低等缺点。在这些不足的影响之下,个体微博产生的情绪与体验由于碎片可能存在部分情绪化、片面化、

浅层化的不利之处，官方微博对于景区核心竞争力的旅游意象进行适当的营销和传播，更加有利于景区完整形象的塑造，补足个体微博视野下的“盲区”。因此，构建更全面、精细和个性化的社交媒体信息服务体系将是未来旅游目的地参与市场竞争的关键（见图2-1）。但不可否认的是，微博作为社会化媒体，其社会化、个性化、自媒体特性更加突出。自其诞生伊始便存在两面性，旅游目的地管理机构加大宣传力度，良性营销自然会为旅游目的地提高知名度，带来客流量，但也有可能放大负面影响，如“雪乡宰客”、五星级酒店脏毛巾“一抹到底”等事件，也对旅游目的地产生了不利影响。

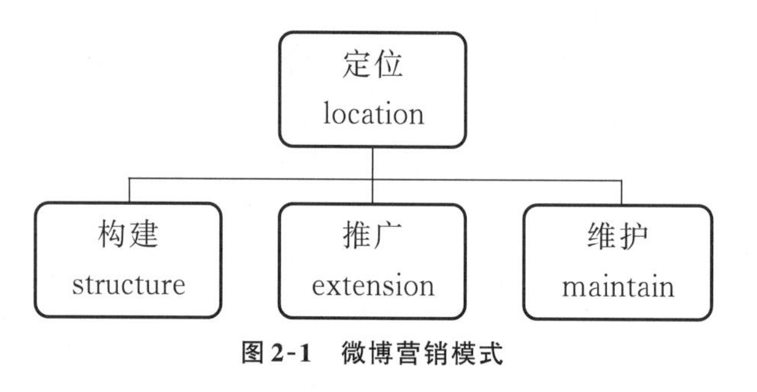

图2-1　微博营销模式

二、国内外旅游微博营销研究

（一）国外旅游微博营销研究

Twitter的出现与发展都早于国内微博，因此对旅游行业的推动也更早。基于Twitter的研究可以总结为旅游微博组成因素研究以及旅游微博营销效果研究。

1. 旅游微博组成因素研究

一开始，学者在这一问题上的着眼点是旅游类微博和其他微博的不同之处对比。旅游是一个动态又立体的过程，人在景中游，处处览风光，因此产生的信息量和每一瞬间的感受是异常丰富的。而基于微博本身的特点，微博内容虽然载量较小，但胜在内容是由游客自身发布的，因此微博上展现的旅游体验更加鲜活、个性化。微博涵盖的内容包括文字、图片等组成部分，这些都变成了学者的着眼点和研究来源，并且通过这些组成部分，学者可以更具体地获知旅游地意象、用户感知价值等诸多内容。

Soojin Choia在2006年便已经开始了他针对Twitter与旅游产业之间联系的探究，他的研究对象是有着世界旅游休闲中心美称的澳门，通过内容分析法对澳门展现的状态做出评价，最终找出旅游者在使用Twitter时经常使用的语言文辞。而Tanya Maclaurin与Bing Pan（2007）选择美国南卡罗来纳州作为研究地，同样选择了内容分析法，针对该州查尔斯顿地区的Twitter内容进行研究，最终得出结论，旅游微博是高价值的营销推广渠道以及舆论监测工具。

2. 旅游微博营销效果研究

对于旅游业来说，旅游者分享在Twitter平台上的旅游心得、景区以及酒店等

内容也潜移默化地改变着游客的旅游意愿。研究旅游微博营销这一命题的学者数量也呈现逐渐增多的趋势。Maria在2011年基于之前的研究基础，做出了创新，开创性地将社会学和广告学这两门学科的诸多理论引入了旅游微博营销的研究中，发现游客在发布微博时往往与更多的人产生互动，这一点证明游客使用Twitter输出信息，会给消费者决策带来正面回馈。但也有学者指出，目前针对旅游微博的学术研究仍然处于初期阶段，亟待更多创新与深入探讨。

（二）国内旅游微博营销研究

国内旅游微博的研究起步较晚，总体研究情况可以概括为影响概述、营销应用研究以及旅游者购买行为研究三个方面。

1. 微博对旅游业的影响概述

这一类型的探究没有用到实证研究法，简而言之，即为对国内微博对旅游业的影响进行概括总结。陆莉等(2011)使用SWOT(strengths, weaknesses, opportunities, threats)分析法，分析了旅游企业基于微博平台展开的营销态势。吴金铃(2011)通过对于政府、景区、酒店业以及游客各自的微博内容进行分析对比，总结性地描述了旅游微博的结构特点，并归纳出旅游微博营销的概念。

2. 微博在旅游业的营销应用研究

旅游业是一个相对而言庞杂的体系，它的构成复杂，既包括旅行社、铁路业、航空业等服务业，也有政府部门和旅游景点。研究者因此也可以从更多的角度对旅游微博营销展开多体、多面、多点的研究。刘辉、王惊雷(2017)对政府运营微博进行分析，对旅游微博的内涵提出见解。郭珊珊(2013)通过构建旅游企业微博营销效果的多元线性回归模型，找到了推送内容与营销效果之间的基础关联，指出企业在运营微博过程中除了着眼于吸引人的文字与精美图片，还要注意到链接对于营销效果的影响。

3. 微博对旅游者购买行为的影响研究

这一类研究一般采用的是问卷调查和结构方程的分析方法。其中，张威(2013)采用结构方程的分析方法论述了营销模式是否可以改变潜在旅游者意愿。余眺(2013)在用户感知理论的基础上提出并验证了KOL以及营销内容、价格起伏、个人喜好等对游客旅游意愿的影响。张慧(2013)以相对喜爱旅游的大学生作为研究样本，以游客的信任作为中间变量，探索微博如何影响游客的旅游产品购买意向。

三、国内外旅游地意象研究

旅游地意象是一个人对目的地持有的观念、想法和印象的总和，对潜在旅游者的旅游决策和行为具有重要的影响。Gunn(1972)把旅游地意象分为了原生(organic)意象和引致(induced)意象两类。Fakeye和Crompton(1991)在之前文献的基础之上，进一步把旅游者和潜在旅游者所形成的旅游地意象概括为原生意象、引致意象和复合意象。原生意象和引致意象是潜在旅游者旅游前产生的，是旅游决策的重要影响因素；复合意象是旅游者旅游后产生的，直接影响着旅游者的满意度、重

游意愿和推荐意愿。

“意象”一词，实际上指的就是客观的事物经过特别的情感处理后产生的主观具有艺术性的形象。“城市意象”最早出现在美国著名城市规划与设计专家凯文•林奇出版的《城市意象》一书中。在该书中作者指出城市对于旅游者具有记忆深度和了解程度的特点，城市所具有的这种独有的感知特点，即所谓城市意象。而乡村同样如此，同样有着独特的感觉形象。将“意象”的概念引入乡村，乡村意象就是乡村在长期的历史发展过程中在人们头脑里所形成的“共同的心理图像”。有学者提出观点，乡村形象是一个立体而丰满的结构，包括村落布局、建筑结构、社会条件和文化习俗。从旅游心理学的角度来看，具有地方特色的乡村形象是激发游客开展乡村旅游的根本动力。游客在乡村娱乐活动中体验到的乡村文化可以使游客感到“回归”，从而增强了对乡村意象的记忆深度和了解程度。

伴随着“绿水青山就是金山银山”理念的践行，乡村旅游的热度水涨船高，对于乡村旅游意象的研究逐年增加，旅游地作为乡村旅游发展空间载体，其旅游意象是吸引游客的关键前置变量。

第三节　官方微博传播的婺源乡村旅游意象

一、案例设计

（一）案例地选取

1. 案例地概况

传统的古村落是中国的宝贵遗产，是不可再生的旅游资源，包含丰富的传统文化内涵，是充满了生命力的文化遗产，体现了人文与自然的和谐相处。如今，随着工业化和城市化的飞速发展，传统乡村成为重要的旅游资源。乡村旅游已得到不同程度的发展，传统乡村成为人们观光、休闲和怀旧的重要载体。随着中国经济的进一步发展，旅游业也得到大力发展，人们对旅游消费的需求发生了重大转变，呈现出多样化、个性化的崭新特点。“体验优先”的消费观念已逐渐普及。传统乡村独特的文化符号和象征意义受到越来越多游客的推崇。因此，分析乡村旅游形象的传统乡村景观文化，利用文化表征、象征性生产和场景重置，将乡村旅游转变为特色鲜明的乡村旅游意象，是乡村旅游发展的重要措施。

篁岭景区位于江西省的石耳山脉，篁岭古村的基石便是延绵了上千年的农耕文化，而现如今旅游者的乡村情结一定程度上也是对农耕文化的怀恋。晒秋这一独特文化的产生，也与篁岭村“地无三尺平”的地形息息相关。因为住所就在斜坡上，不方便农作物的晾晒，因此智慧的劳动人民便在当地地势的基础上利用竹晒簟将辣椒、玉米等农作物晒在自家屋檐等建筑上，因其五彩缤纷的颜色以及朴素的美感，成为当地特色文化。而这一充满了人文色彩的特色文化，也在2014年入选“最美

中国符号”，吸引着众多游客前往观赏。

2. 案例地优势

婺源篁岭景区的晒秋源自当地复杂的地形，篁岭村软土层不利于居住，由于当地居民的智慧，当地逐渐形成了极具特色的阶梯状古村布局。由于可用土地稀少，居民摸索出了将农作物晒在屋前、屋后、屋檐等地方的方法，也正是当地的气候因素和地理环境催生了晒秋这一特色景观的产生。而晒秋丰富的颜色也从视觉上带给人美的享受，纵览中国的乡村意象，实际上很少有像这样具有特色又充满劳动人民朴素审美的符号化意象，它具有一定的特殊性，但又涵盖了乡村意象的主要特征，从而成为理想的研究对象。

（二）数据获取与处理

1. 数据获取

本章研究数据主要来自官方微博“婺源篁岭晒秋人家”①，账户主体是婺源篁岭文旅股份有限公司。从其发布的微博中截取了2018年2月1日到2020年4月1日的微博，以“晒秋”为关键词，剔除统计区间内字数少于10个字的微博，以确保研究样本的有效性和代表性，共提取210条微博，共计15173字。

2. 数据处理

为保证数据的准确性，先对样本进行预处理。首先，删除与文本无关的图片及表情符号；其次，由于官方微博经常进行抽奖，故使用ROST CM6.0自定义文件设置关键词，删除“关注＋转发”“@微博抽奖平台”“幸运小伙伴”“送篁岭古村门票一张”“百元京东E卡一张”“共十名”等无效信息；再次，使用Office Word软件修正错别字，归并同义词语，如“中国”与“祖国”、“江西”与“江西省”、“村庄”与“村落”等；最后，对预处理后的文档保存为ROST CM6.0软件能识别的.txt格式。

二、案例分析

用ROST CM6.0软件对文本内容进行词频分析、语义网络分析和情感分析。在对文本进行分析之前，先将“婺源景区”“鲜花小镇”“徽州建筑”“婺源人家”等固定名词添加到自定义词典中，以保证分析的有效性与完整性；通过ROST CM6.0软件对数据进行文本挖掘，提取高频词，构建语义网络，进行情感分析，从而总结出官方微博所传播的乡村旅游意象的特征。

（一）词频分析

利用ROST CM6.0软件中的社会网络和语义网络分析功能对样本文档进行初步分析，节选词频在6次及以上的词语，并筛除无意义或与婺源晒秋无关的词语（见图2-2、表2-1）。

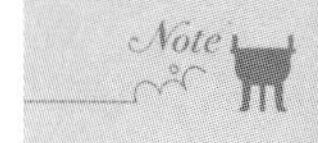

①参见：https://weibo.com/wyhljq?topnav=1&wvr=6&topsug=1。

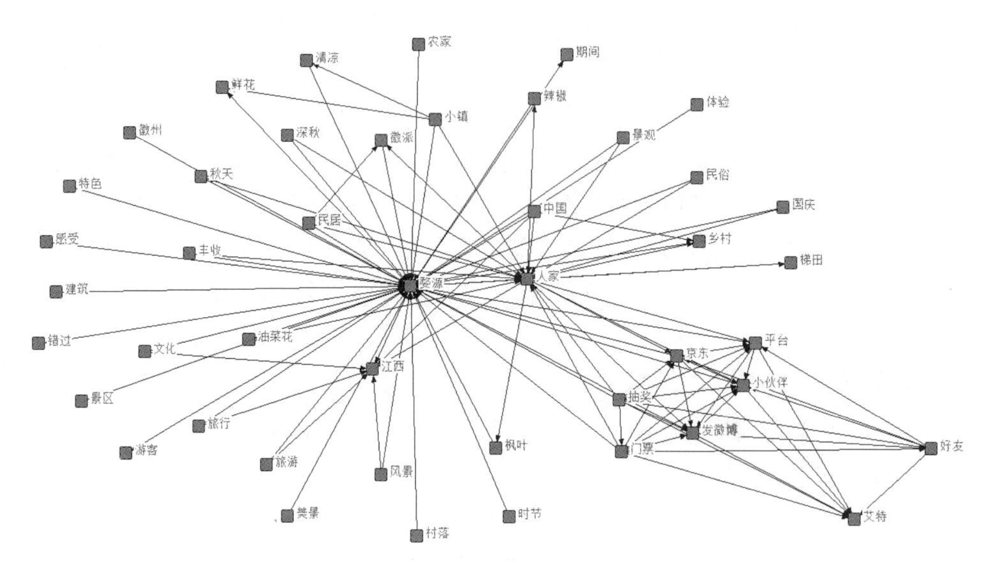

图 2-2　官方微博文本的语义网络

表 2-1　官方微博高频特征词及词频

序号	关键词	词频	序号	关键词	词频	序号	关键词	词频
1	婺源	178	21	特色	10	41	农家	6
2	景区	112	22	国庆	10	42	花海	6
3	江西	29	23	景观	10	43	微风	6
4	中国	24	24	文化	10	44	地方	6
5	家乡	17	25	辣椒	10	45	味道	6
6	旅游小镇	16	26	枫叶	10	46	历史	6
7	田园	15	27	体验	9			
8	秋色	15	28	感受	8			
9	乡村	14	29	美丽	8			
10	色彩	14	30	错过	8			
11	拍照	14	31	传统	8			
12	丰收	14	32	鲜花	8			
13	门票	14	33	村落	8			
14	秋天	14	34	惊艳	7			
15	民俗	14	35	游客	7			
16	旅行	13	36	晒秋	7			
17	徽派	13	37	拍摄	7			
18	油菜花	12	38	美景	7			
19	梯田	11	39	玉米	7			
20	徽州建筑	11	40	黛瓦	6			

从词性来看，高频词中主要以名词为主，“婺源”一词占据首要位置，其次是以晒秋意象及其与所在地的联系居多，可以统一为“中国江西省婺源景区”，说明官方微博着重提到地点，意图给游客加深晒秋意象与江西婺源的紧密联系；婺源晒秋标志性的名词，如“田园”“秋色”“丰收”“辣椒”“色彩”等词语，体现出婺源晒秋与其形象之间的联系，很容易让关注者想到秋日丰收之际，田园中的人们晒秋时的斑斓色彩；时间名词，如“国庆”“深秋”体现出晒秋的关键词——秋，也说明国庆长假是婺源重要的旅游旺季，逢此期间，上述名词的反复出现都表示官方微博对晒秋意象的重点捕捉明确。

而“枫叶”“油菜花”“梯田”都是人们熟知的风景形象，看到这些名词时，便会有相应的想象浮现在脑海，“美丽”“惊艳”这样的形容词放在标签式的名词前，在微博用户评价之前先给予定义，是营销的经典话术之一，更容易提起游客兴趣。“徽州建筑”“历史”这一部分关键词则代表了婺源景区的悠久历史，将婺源与普通的纯花海景观区分开来，提高景区人文景观的知名度。“拍照”“拍摄”这样的动词类关键词其实更多是官方微博对于优秀摄影摄像作品的转发，这一部分的微博图片质量很高，很多人是专业的摄影师、摄像师。晒秋本身的色彩冲击感就很强，体现在镜头里则更加唯美、有艺术感，给微博用户带来了视觉上美的享受。

整体上看，婺源官方微博是通过地点、时间、特色景观这样的顺序对晒秋意象进行营销与推广的。

（二）内容分析

1. 样本微博中的乡村旅游意象

在样本微博中，乡村旅游意象不仅包含晒秋，更多的是晒秋时的场景。关于晒秋这个独特意象，也通过一些具体的名词留给微博用户以憧憬。通过婺源晒秋这个特定场景，微博用户对旧的表征物——婺源景区有了更多的想象。在高频词中与乡村旅游意象相关的词语有当地晒秋的农作物如“辣椒”“玉米”、风景如“枫叶”“油菜花”、婺源景区本身如“篁岭”“清凉小镇”等。从以上分析可以看出：

旅游目的地管理机构在运营微博时，会以具象的名词来形容婺源景区，其中不仅包括了常见的农产品，也有广为人知的旅游意象譬如油菜花、枫叶等，微博用户在大脑中对这些意象都有相应的美好想象。但由于晒秋的独特之处，这些具象的传统意象又有了新的色彩，农作物可以拼成各式各样的图案，鲜亮惹眼。油菜花可以漫山遍野，枫叶在历史文化浓厚的徽州建筑旁边，这一切元素让婺源篁岭景区亲切却又特别，令微博用户有话题可以发表。

微博是一个由不同规模对话构成的“复调”系统，用户乐于呼应其他用户的想法，进行沟通和交流。因此，乡村旅游意象可能在微博平台的传播中形成多个不同的方面，这些方面对官方微博所识别的用户群也起到了一定作用。乡村景观是乡村意象的外在表现，乡村意象是通过具体的乡村景观来塑造的，二者相互联系、密不可分，乡村意象是“神”、乡村景观是“形”。从表2-2可知官方微博对婺源目的地的宣传正在向以形显神、神形合一的方向前进。

表 2-2　乡村旅游意象微博示例

内容	微博举例
婺源景区	#婺源篁岭清凉小镇# 奇特的地形造就了篁岭“四季晒秋”的独特乡俗。高低错落的房屋，排列有序的晒匾，无意间形成一处壮观的“晒秋人家”景观。现在“篁岭晒秋”是篁岭标识性的一个景观符号，更成为篁岭的代用名称。
景观	#婺源篁岭晒秋人家# 晚霞的余晖把漫山的枫叶染得金黄，房舍炊烟袅袅升起，农家阿姨们正把一盘盘晒匾往家收，这简单的农俗乐趣却也成了摄人心魄的山水画卷。
晒秋	#婺源篁岭# 又到了一年“晒秋”季，村民将收获来的红辣椒、玉米和南瓜等色彩斑斓的农作物，晾晒在依山而建的徽派民居房前屋后，场景颇为壮观。
	九月，#婺源篁岭晒秋人家#的瓜果鲜蔬又到了丰收的季节。橙黄的南瓜，火红的辣椒，翠绿的豆角……光是看看，都能闻到满满秋天的味道！想来篁岭品味舌尖上的秋天吗？

2. 样本微博中的微博用户感知

这一部分截取的内容，一为官方微博与其粉丝之间的互动，二为微博平台个人用户推文(见表 2-3)。其中，官方微博与其粉丝互动的内容截取，主要有两种：一种是通过对几条转发量较高的官方微博进行分析，发现这些微博很多都是以婺源篁岭景区的门票作为吸引点，从而使很多人转评或点赞，这些微博底下微博用户的前往意愿强烈；另一种是官方微博对粉丝要求以及疑惑的回复与解答。由于当时受疫情影响，人们都自觉居家，支持国家相关政策，但同时人们都盼望走出家门，出去旅游放松心情，因此可以看到在抽奖博文的评论区很多微博用户表达了疫情之后将会前往婺源景区看晒秋的强烈意愿，“一定”“就去”也表达了肯定性。

表 2-3　官方微博下用户感知

内容	微博举例
官博互动	亲爱的朋友们，此条为婺源篁岭旅游咨询微博，大家请在评论区提问题，小编会尽量为大家解答。
	上次微博有粉丝留言说想要篁岭晒秋的壁纸，小编想着直接出一期壁纸内容，春花秋晒、冬日夏云，夜色阑珊、花式晒秋，应有尽有，随便大家挑！
用户留言	喜欢这种山清水秀的小地方了，等疫情过后就去领略。
	等疫情过去了，我也想去这里玩儿，好想被你抽中啊！
	疫情结束后一定要好好出去玩一次!!!

考虑到官方微博下用户评论数量较少，且微博本身是一个开放式的社交平台，通过搜索关键词便可得到更多婺源篁岭景区游客的推文。为使研究内容更详尽，本章选择 100 条@婺源篁岭景区官方微博的个人用户微博作为补充。同样筛除网络文本中的无效内容、图片及表情符号，去掉关键词婺源篁岭景区，提取高频特征词(见图 2-3、表 2-4)。

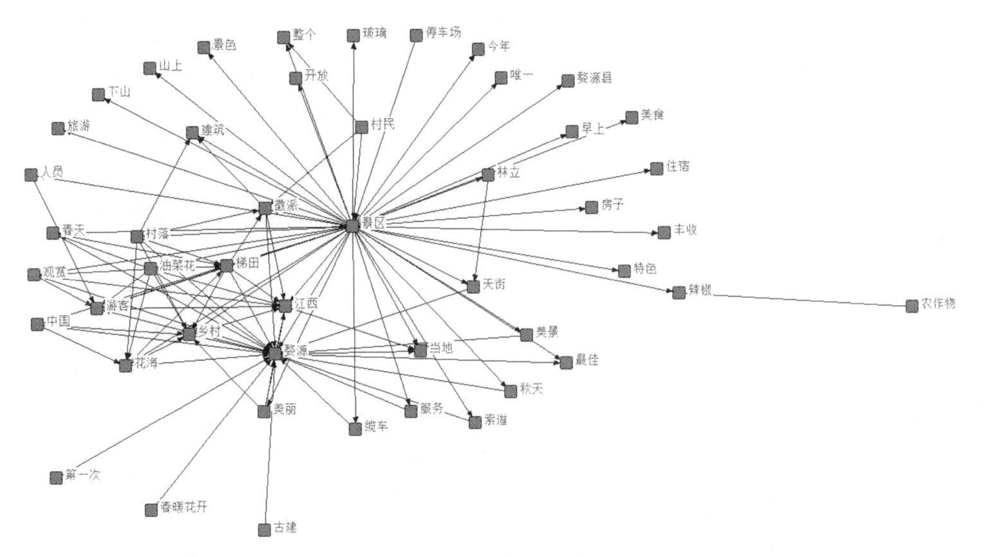

图 2-3　个人用户微博文本的语义网络

表 2-4　个人用户微博高频特征词及词频

序号	关键词	词频	序号	关键词	词频	序号	关键词	词频
1	油菜花	40	21	村庄	5	41	唯一	3
2	江西	37	22	第一次	5	42	婺源县	3
3	游玩	37	23	美好	5	43	住宿	3
4	梯田	25	24	玻璃	4	44	符号	3
5	中国	22	25	旅游	4	45	好看	3
6	乡村	21	26	丰收	4	46	花开	3
7	徽派	16	27	小雨	4	47	林立	3
8	春天	7	28	房间	4	48	花期	3
9	花海	9	29	房子	4	49	错落	3
10	村落	8	30	突破	4	50	故乡	3
11	春天	8	31	风景	4			
12	辣椒	7	32	秋天	4			
13	民俗	7	33	古建	4			
14	索道	7	34	观景台	4			
15	当地	6	35	农作物	4			
16	酒店	6	36	晾晒	4			
17	天街	6	37	民居	4			
18	建筑	6	38	美食	4			
19	村民	6	39	美景	4			
20	观赏	6	40	秋色	3			

根据个人用户微博推文高频特征词发现，游客置身景观之中，推文内容描述更为具体。从词频较高的“油菜花”“梯田”“花海”“建筑”等具体篁岭景区旅游景观，可以看出真正能让游客感兴趣的旅游吸引物仍然是传统乡村景色。将官方微博高频特征词及词频（见表2-1）与个人用户微博高频特征词及词频（见表2-4）对比可以看出，游客微博的晒秋意象，即秋季及农作物的数量仍有差距，说明官方微博在晒秋的推广上仍有进步空间。

3. 微博平台中的乡村旅游意象建构过程

微博的营销传播模式有别于传统媒体。传统媒体的营销主要以单向输出为主，如报纸宣传、旅游短片等形式，信息承载量有限，内容灵活度有限，受众在反复投射过程中易产生审美疲劳。而微博作为新兴的社交媒体，由于其灵活便利、互动性高的特点，旅游管理方更具主动权。不仅如此，微博潜在游客数量庞大，传播范围广，一位博主转发即代表其关注者都有可能看到乡村旅游意象的相关信息。这一部分潜在游客不再满足于传统媒体的信息输出，更倾向于自行挖掘信息，从“转发”“点赞”的过程中实现了乡村旅游意象的传播。本章基于周欣琪、郝小斐（2018）的官方微博传播路径与旅游吸引物建构研究，提出微博平台中的乡村旅游意象建构过程（见图2-4）。

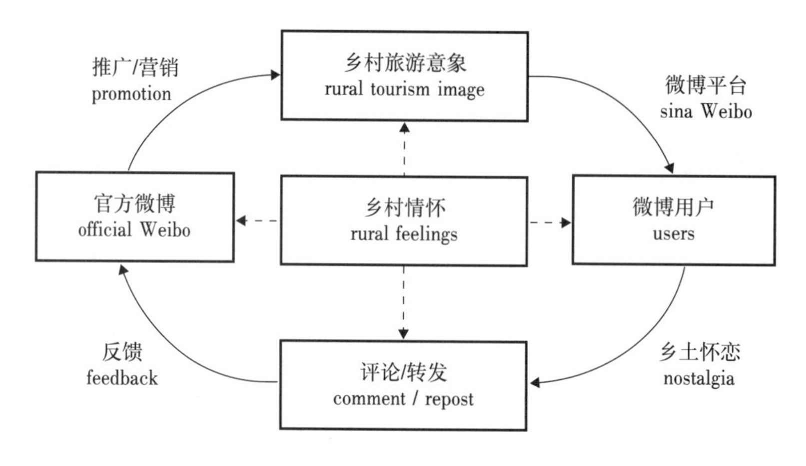

图2-4　微博平台中的乡村旅游意象构建过程

在微博平台上，乡村旅游意象的建构经历了以下过程：一是官方微博的营销与推广过程；二是微博用户中对此感兴趣的人群，由于乡土怀恋情结而转发或评论的过程，从而实现乡村旅游意象的传播完成。在这一过程中，官方微博通过抓取自身乡村旅游意象，通过微博平台传达到微博用户中，有着乡土怀恋情结的用户对相关内容进行转发或评论。在此过程中用户产生前往旅游目的地的旅游愿望，对于景区知名度的提升有着至关重要的作用。但这一过程并非一蹴而就，并且对官方微博的运营者有着较高的要求，为实现预期目标，官方微博的运营者要借鉴优秀案例，推陈出新，才能够充分发挥微博营销的巨大潜力。

4. 样本微博中的乡村情怀

婺源有着“中国最美乡村”之称，官方微博发出的微博透露出浓厚的乡村情怀，对乡村情景的描写具有诗意而又具体到位。例如,“每到收获季节,屋间成了晒秋的世界,五颜六色的农作物与黑色的屋顶,层层叠层层,一派别开生面的景致。用南瓜、辣椒、红豆、绿豆、稻子,构建出一幅世外桃源的画面,篁岭的民居、乡民的劳作,共同呈现出美丽的乡村中国。”从游客心理学的角度来看,具有当地特色的乡村意象即为激发游客前往乡村旅游的根本动因。婺源晒秋带来的乡村情怀无疑具备浓厚的当地特色。游客在乡村进行游憩活动体验到的乡村文化,可以使游客产生似曾相识的“回归感”。而婺源景区官方微博重复强调的“家乡”也正是这一点的体现。

5. 样本微博下的其他声音

较之其他运营粉丝数量较多、用户互动量多的微博账户,婺源官方微博存在一些不足,譬如微博内容大同小异,很少进行革新,语言风格不够贴近年轻人。在微博的评论区也存在对婺源景区的不满之处,包括景区景点较少以及餐饮资源不足,如“去了一次婺源,除了春天看看油菜花还比较好看之外,风景真的没啥好看的,有点失望。特别是吃的很差,几乎没啥吃的”,景区环境较差,游客体验不满意,如“我去婺源到处都是垃圾,画画还被居民赶走,在房子旁边画画还要收钱”。婺源景区官方微博也成了游客反馈景区不足之处的地方。较之官网、旅游网站,游客在这里反映景区不足之处能够得到有效的反馈,希望婺源景区也可以如同回复游客时说的,下次约在篁岭,让游客重新认识美好的篁岭景区。

本章小结

近几年乡村旅游大热,但实际上并不是每一处地方的乡村都有开发价值,也不是每一处乡村意象都可以作为旅游资源。只有那些有着丰富的文化内涵、深厚的历史底蕴,具有代表性的乡村才可以构建乡村旅游活动景观。而官方微博传递出来的一个重要词汇“家乡”则是乡村旅游意象的另一个显著特点,回归感和熟悉感,这是支撑乡村旅游蓬勃发展的重要特征。

伴随着城市快节奏带来的沉重压力,逃离北上广的声音越来越多,乡村旅游也飞速发展,在这样的契机之下,官方微博应该加大宣传力度,做出特色。近几年旅游微博的营销总体呈现蓬勃发展之势,而微博也愈来愈深入人们的生活,作为社会化媒体,它的优劣势非常明显,更是对旅游目的地管理机构的营销手段提出了更高的要求,仅仅满足于微博的日常的发布,即使每一条都很精美,也很难吸引到更多的目光,因此更需要发展和创新。

近几年基于微博平台成功的旅游微博营销案例屡见不鲜,如故宫的雪相关微博,仅一条转发量近五万次,点赞人数近八万。2020年5月故宫恢复开放后,仅24小时,“五一”假期5天累计25000张门票全部秒光。如此庞大的群体充分体现了微博本身具备的流量潜力。而西安不倒翁小姐姐相关词条#90后女孩扮不倒翁走红#阅读量已经达到了1892.1万,成功使大唐不夜城步行街游客暴增。乡村景观的官方微博可以通过这些优秀的营销案例,真正做出乡村营销创新的新策略,吸引线上流量,再将线上流量转化为线下数量。

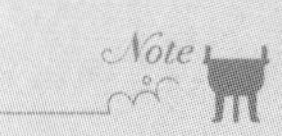

第三章

乡村旅游地景观色彩意象营造

学习目标

1. 了解游客凝视视角下的乡村旅游色彩意象研究背景与意义。
2. 了解国内外乡村旅游色彩意象相关研究。
3. 掌握基于游客凝视的乡村旅游色彩意象分析过程。

第一节 游客凝视视角下的乡村旅游色彩意象相关研究

一、乡村旅游色彩意象研究背景

（一）乡村旅游色彩意象是乡村旅游发展的重要部分

近年来，国内外有关乡村旅游意象的研究开始涌现，但有关乡村旅游色彩意象的研究相对较少。笔者认为，色彩意象作为一种心理属性与物理属性相结合的色彩情感，其良好的营造效果能更好地使游客心理与景区色彩景观产生共鸣，进而提高乡村旅游景区对游客的吸引力和黏性。乡村旅游的色彩意象是乡村旅游多角度快

速发展的当下一个非常值得关注和研究的主题。

近年来，中央多次出台了关于乡村旅游发展的政策文件，乡村旅游发展迅速。2015年8月，国务院办公厅发布《关于进一步促进旅游投资和消费的若干意见》，指出要实施乡村旅游提升计划，开拓旅游消费空间。2018年11月，文化和旅游部等17部门联合印发《关于促进乡村旅游可持续发展的指导意见》，要求各乡村旅游地能够结合农村实际情况和旅游市场的需求，丰富乡村旅游产品，注重乡村旅游的设施建设，给游客营造良好的旅游环境，促进乡村旅游走向产业化、市场化，能够有更好的发展空间，能够为全面实现乡村振兴添砖加瓦。加大乡村旅游示范村和具有乡村旅游特色的村落建设，增强乡村旅游景区游客接待能力，成为乡村旅游的发展重点。同时，乡村旅游带动就业、增加农民收入、带动贫困人口脱贫致富的作用不断显现。

（二）乡村旅游意象成为目的地吸引力的本源之一

近些年来，经济的发展日新月异，人民的生活水平也得到了有效的改善，乡村旅游作为一种休闲放松的旅游体验，逐渐走进人们的视野。据统计，2019年我国乡村休闲旅游接待游客约32亿人次，营业收入达8500亿元，直接带动吸纳就业人数1200万，带动受益农户800多万户。在旅游地的选择上，乡村旅游意象的营造成为吸引游客的关键，有超过70%的城市居民选择居住地周边省市的著名乡村旅游景区。

二、乡村旅游色彩意象研究意义

本章关于营造乡村旅游色彩意象的研究，对于提高乡村旅游地的吸引力、推动乡村旅游的持续发展有着重要意义。

（一）为全国不同地区乡村旅游地色彩意象营造提供参考

本章以婺源篁岭为例进行研究，挖掘其游客凝视主题，找到其色彩意象，并分析篁岭景区是如何对其色彩意象进行营造的，进而为全国不同地区、具有不同特色的乡村旅游地的色彩意象营造提供理论框架和参考依据。

（二）有助于乡村旅游的可持续发展

在乡村旅游快速发展的当下，同质化的乡村旅游景区会减弱其竞争力，造成游客的审美疲劳。本章的研究意在挖掘不同地域、不同特色的乡村旅游地在色彩意象营造上给予游客的独特体验，进而帮助乡村旅游地因地制宜，强化其独有的色彩意象观感，提高景区的吸引力和发展前景。

三、乡村旅游色彩意象相关概念研究

（一）游客凝视

“游客凝视”这一概念是英国社会学家Urry于1990年提出的，是旅游文化学、旅游人类学理论分析研究中最重要工具的之一。通过游客凝视视角，我们能够从旅

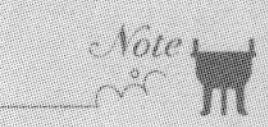

游的角度来观察社会，即通过研究游客的“越轨行为”，发现社会日常生活中隐含的另一面。Urry研究发现，游客前往旅游地旅游的目的在于，想要“凝视”那些与平时生活工作中截然不同的景物，进而满足心理上的刺激、冲动、愉悦感、怀旧感等。Urry还认为，从客观上来说，游客凝视具有诸多特征，如社会性、多样性、心理控制性、不平等性等。究其原因在于游客和旅游目的地居民之间的社会构成存在差异，这些差异包括经济、文化、习俗等层次。

王宁等(2008)认为游客凝视除了代表“凝视”这样一个游客行为，更是游客的行为、动机、渴望等多种因素交织在一起之后抽象化出来的一个概念，能够反映出游客对旅游景区以及当地人的感受。因此，Urry的游客凝视理论作为一种研究旅游目的地关系的理论方式，引起了专家学者们更深入研究的兴趣。Huang & Lee(2010)指出游客凝视的研究主要关注游客凝视的建构、游客凝视与权力的关系等。

游客渴望去经历平常工作生活中不能得到的体验，更倾向于去那些可以带给他们不同体验的旅游地。这些存在差异化的社会组成部分的产物是游客凝视理论提出的基础。此外，游客也受到影视作品这个非旅游因素所产生的作用力影响。通过对旅游影视作品的研究可以发现，影视作品能够引起人们的旅游兴趣，进而帮助旅游地构造游客凝视的符号，使得游客产生一种前往旅游地去体验、经历这些旅游符号的渴望。有研究表明，不只是影视作品具有这样的作用，诸如网络传媒信息、游客指南、文学作品等也能促进游客凝视符号的进一步构建。

Urry指出，游客凝视还具备权力关系。这是其另一个值得重点研究的方向。Light(2000)以德国、匈牙利、罗马尼亚等国家为研究对象，研究发现了这些国家是如何在想要建立的旅游目的地形象和游客凝视之间做出衡量的，揭示了国家的自我认同与游客凝视之间所存在的必然联系。王宁等(2008)主要研究了旅游需求明确的游客对于旅游地居民的凝视，以及在这个过程中，游客的凝视给不同发展阶段的旅游地在经济和文化上造成的作用和影响，即旅游地居民会根据游客凝视的反馈，来考虑怎样对自身举止甚至在文化上进行相应的改变，以此来迎合游客凝视所反馈的偏好。此外，也有部分专家学者从事游客凝视和性别权力之间关系的研究。Craik(1997)、郭英(2005)等认为，游客凝视在一定意义上来说是男权主义的一种体验。游客凝视的对象往往也包括旅游地的女性，旅游地也会在宣传中带有部分的女性色彩。

（二）乡村旅游

王南方(2014)指出乡村旅游业作为旅游业的重要组成部分，在社会经济发展中饰演着越来越重要的角色。中国乡村旅游每年接待游客和总收入逐年递增，在全国旅游业中的占比也越来越大，农业旅游示范点遍布全国各个省市区，覆盖农业的各种形态。乡村旅游的迅猛发展成为拉动我国旅游业经济增长的重要着力点，在拉动内需、促进农民收入增长、统筹城乡二元发展、保护并发展民间文化等方面都具有重要意义。唐峰陵和刘众(2020)指出在当前乡村振兴战略的背景下，乡村旅游发

展包括完善基础设施建设、拓展客源市场、树立品牌意识、打造特色品牌、提高游客参与度、引进和培养专业管理人才和加强旅游安全监管等方面。

（三）色彩意象

Aslam认为色彩意象作为一种物理属性与心理属性并存的色彩感情，旅游目的地的生态环境、文化背景和民俗风貌等因素会对旅游地色彩意象的营造产生影响，其中文化背景的影响相对较大。Clarke & Costall（2008）研究表示色彩意象是一种色彩属性与色彩心理两方面考虑的色彩特质。不同色彩会导致旅游者不同的心理感受，如联想、象征、好恶、冷暖等，其综合考虑也就产生了色彩意象。此外，色彩意象有三个主要特征，即评价性（如色彩美丽或丑陋）、活动性（如色彩明亮或灰暗）以及潜在性（如色彩强烈或微弱）。总的来说，色彩意象对于游客来说，就像是人的形象、性格一样。

白凯（2012）将不同批次的旅华美国游客作为研究目标，探讨游客对旅游城市色彩意象的认知，以全程对目标对象进行追踪访谈的调研方式得到研究资料，通过扎根理论构建相应的维度模型，再以重复调研的方式来检验其理论饱和度，研究发现：①旅游目的地城市色彩意象认知的主要影响因素为城市色彩基调与建筑、游客吸引物、旅游经历、旅游目的地人文与自然环境；②目的地城市色彩意象认知由视觉色彩和理念色彩两部分构成；③游客的个人偏好和旅游情感会直接作用于旅游目的地城市色彩意象认知，进而直接导致游客产生行为意图。

四、国内乡村旅游色彩意象的发展研究

国内的相关研究起步较晚，有关游客凝视的理论研究主要来源于国外，色彩意象也是一个从国外引入的概念，目前学术界对旅游中的色彩研究尚不多见，而关于乡村旅游的文献研究较多，但大多数集中在乡村旅游的发展战略及其在带动经济发展的作用上，鲜有文献将乡村旅游与色彩意象结合起来研究。

本章落脚于一个相对较小而新颖的基础点——旅游目的地色彩意象，着眼于乡村旅游的色彩意象营造，基于游客凝视视角，以江西婺源篁岭这个极具鲜明色彩意象的旅游目的地为例，运用访谈法和扎根理论进行分析研究，以期帮助乡村旅游目的地因地制宜地进行色彩意象营造，提高景区的吸引力，对乡村旅游目的地的规划发展起到进一步的现实作用。

第二节　基于游客凝视的婺源乡村旅游色彩意象分析

一、案例设计

（一）案例地选取

本章选取江西婺源篁岭景区为研究案例地，主要是有以下两个方面的考虑。

第一，婺源篁岭是国内著名的乡村旅游地，具有研究的代表性和典型性。

第二，婺源篁岭具有鲜明的色彩意象特征。春天的篁岭，千亩油菜花竞相盛开，篁岭油菜花海，可谓是远近闻名。秋天的篁岭，红色的辣椒、黄色的皇菊、绿色的大豆等农作物出现在每家每户房前屋后，形成独一无二、极具民俗特色的晒秋美景。

（二）数据来源

本章主要采用深度访谈收集一手资料，并通过文献、官网、公众号、微博等收集补充资料。

深度访谈遵循两个原则：一是受访者曾前往婺源篁岭旅游参观过；二是受访者具备良好的语言表达能力。除了样本的数量，扎根理论的研究更注重样本的丰富性，这就要求样本具有典型性，能够包含可能涉及到的问题及因素。笔者对30名游客（其中，男性21名，女性9名）进行了深度访谈，并实时录音。本次深度访谈采用统一的访谈问题提纲，避免出现问题差异而导致偏差。访谈提纲包括4个问题：①您是从什么渠道知道婺源篁岭，并决定前往旅游的？②您是什么季节前往婺源篁岭旅游的？③您对婺源篁岭的哪些景观有印象？④如果用一些色彩名词来形容婺源篁岭的一些景观，您认为有哪些？并请说明这些色彩带给您何种感受。

此外，为了丰富数据样本的多样性，笔者从游客凝视的角度，利用网络搜索引擎收集游客关于婺源篁岭的相关色彩意象描述的文本，对其进行内容和语义差异分析。最终通过人工识别、剔除内容重复及其他不合适的文本后，获得相应的关于婺源篁岭色彩意象描述的有效文本信息进行补充。

本章按照扎根理论的研究范式，对访谈录音和从网络收集到的文本信息进行分析，第一步对收集内容进行开放性编码，第二步进行主轴编码，第三步进行选择性编码，第四步进行理论饱和度检验。

二、分析过程

（一）概念化与初步范畴化（开放性编码）

开放性编码就是根据一定的原则对大量的原始资料按照概念和范畴进行缩减归类，以准确地反映材料内容。开放性编码的目的在于指认现象、界定概念、发现范畴。开放性编码的过程就是将原始资料打散，然后根据以下三个标准归纳：①删除

访谈中出现的常用语气词、连接用词；②删除与主题内容明显不相关内容和句子；③归纳过程要在保持受访者原意的基础上进行编排重组。

对深度访谈的内容记录和收集到文本信息进行逐句编码，开放性编码的规则设定为"受访者序号＋说话内容顺序"，即将30位受访者序号设定为a01、a02、a03、a04…a29、a30，将受访者说话内容的顺序编码为s01、s02、s03、s04…s(n－1)、sn。例如a01s01，表示的是第一位受访者说的第一句话；又如a03s04，表示第三位受访者说的第四句话。具体步骤如下。

第一步，通过对原始编码进行初始概念化，共抽象出57个概念，将其命名为A1、A2…A57。

第二步，对初始概念进行多次分析和调整，归纳整理，最终得到73个概念。

第三步，将归纳的概念和现有的理论概念进行对比，并加以提炼，使其范畴化。

笔者最终从73个概念中挖掘出16个范畴，分别为篁岭村落、水口、徽派建筑、天街、复古风情、篁岭晒秋、篁岭晒匾、丰收、乡愁、水墨梯田、油菜花海、鲜花小镇、美景、丛林探险、急速溜索、独特体验。73个概念和16个范畴的命名来源不尽相同，有些来源于网络资料，有些来源于生活常识，有些来源于笔者的请教和研讨。详细解读见表3-1开放性编码示例。

表3-1　开放性编码示例

访谈内容编码	概念化	范畴化	范畴性质以及内容
a01s01"中国最美乡村"很有名气 a04s01听说篁岭的村落很有特色 …	A1名气 A2特色 …	篁岭村落	篁岭村落是篁岭的主要组成部分
a11s10篁岭的绿化很不错 a15s11生态环境优美 …	A5绿化 A6生态环境 …	水口	水口不仅对绿化和生态环境优化有着典型意义，更在于对风水的诉求
a03s04徽派建筑很有特色 a06s06灰黑色的建筑群很古朴 …	A9徽派 A10灰黑色 …	徽派建筑	徽派建筑是篁岭的主要建筑风格和特色
a24s17和朋友一起在散步 a13s18天街很有古村的韵味 a24s18这种韵味很迷人 …	A14散步 A15古村 A16迷人 …	天街	步行于天街，让人感受到浓郁的古村韵味
a07a20有很多各式店铺 a05s23酒庄还不错 a07s26给我留下了深刻的印象 …	A18店铺 A19不错 A20深刻 …	复古风情	林立的徽式店铺，让人仿佛回到了那个古色古香的年代，感觉别样的风情

续表

访谈内容编码	概念化	范畴化	范畴性质以及内容
a17s18 红色吧，这是篁岭晒秋给我的感觉 a19s19 好多辣椒、黄菊 a16s18 五彩斑斓，有红色的辣椒、黄色的玉米 …	A24 红色 A25 辣椒 A26 斑斓 …	篁岭晒秋	篁岭晒秋是篁岭独特的旅游吸引物，给游客留下了深刻的印象
a21s18 每家门前都有匾 a22s19 匾里面有辣椒、玉米之类的 …	A28 匾 A29 玉米 …	篁岭晒匾	篁岭晒匾也是篁岭的特色之一
a13s16 秋天去的，那是一个丰收的季节 a23s38 能看到农民伯伯脸上的喜悦之情 …	A32 秋天 A33 喜悦 …	丰收	篁岭晒秋和篁岭晒匾均体现了篁岭村民们丰收的喜悦
a27s29 感觉像是在等待游子回家 a11s30 有一股乡土气息 a13s32 感到不虚此行 …	A37 游子 A38 乡土 A39 不虚此行 …	乡愁	篁岭晒秋晒的不仅是丰收的喜悦，还有淡淡的乡愁
a30s09 我是春天去的 a21s02 我听说这是全球最美梯田之一 a26s01 想去看看水墨梯田 …	A43 春天 A44 全球最美 A45 墨绿 …	水墨梯田	篁岭的水墨梯田被游客评为"全球最美十大梯田"
a04s39 连绵的油菜花海让我内心感到宁静 a16s40 我是春天去的，油菜花海很美 a13s46 金黄的花海给予我心灵洗涤 …	A49 宁静 A50 油菜花 A51 金黄 …	油菜花海	油菜花海也是篁岭的特色景观，是"中国十大花海"之一
a27s50 那里有我最喜欢的月季 a23s57 听说寓意"花好月圆" a30s59 我喜欢"喜盈门"主题 …	A54 月季 A55 花好月圆 A56 喜盈门 …	鲜花小镇	篁岭景区自2017年开始，在油菜花谢幕之后推出"鲜花小镇"主题产品

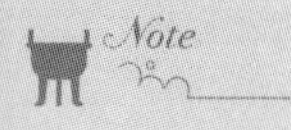

续表

访谈内容编码	概念化	范畴化	范畴性质以及内容
a23s62篁岭的景色非常怡人 a28s65我喜欢那儿多彩的美景 …	A58怡人 A59多彩 …	美景	不管是油菜花海还是水墨梯田，都是篁岭特有的美景
a02s56我记得篁岭有个丛林探险的户外项目 a03s60我认为那儿的丛林探险比较一般 …	A62户外项目 A63一般 …	丛林探险	丛林探险是篁岭景区的一项时尚户外运动项目
a09s60急速溜索有点意思 a10s59哇，急速溜索真的刺激 a08s67我下次还想去玩急速溜索 …	A66有点意思 A67刺激 A68还想去 …	急速溜索	游客在这里可通过急速滑索挑战每条树上线路，完成一次树上冒险历程
a19s70这次的旅游体验还可以 a20s69体验感爆棚 a28s72希望下次来的时候 …	A71还可以 A72爆棚 A73下次来 …	独特体验	不管是丛林探险还是急速滑索都是篁岭景区根据其地域特点给予游客的一种独特体验

（二）主范畴的挖掘（主轴编码）

开放性编码完成后进行主轴编码，主轴编码就是通过不断地对比、分析、归纳范畴和概念，不断地深入挖掘其相互之间的关系，发现并建立其内在的相互逻辑联系。要将各个范畴和概念之间建立起联系，将范畴和概念进一步地提炼，就必须运用主轴编码典型工具。主轴编码典型工具并不是要将范畴和概念的关系建立起一个完善的理论框架，而是使开放性编码阶段得出的范畴和概念深化与凝结为主范畴。

根据研究主题，有针对性地对开放性编码得出的范畴进行二次归类，得出8个主范畴，分别为徽派古村、晒秋民俗、生态景观、娱乐活动、彩色、黄色、灰黑色、绿色。

（三）模型的构建（选择性编码）

开放性编码和主轴编码之后，还需要进行选择性编码，也就是进一步提炼出主范畴里的核心范畴。通过归纳得出两个具有相关性的核心范畴，即游客凝视和色彩意象，研究主要的色彩意象营造给予游客凝视的吸引力。各个主范畴及核心范畴对应的编码结果如表3-2所示。

表 3-2 主范畴和核心范畴编码结果

核心范畴	主范畴	相应范畴	包含的内容
游客凝视	徽派古村	篁岭村落 水口 徽派建筑 天街 复古风情	婺源地处江西省上饶市，与安徽、浙江相邻，是传统古徽州的所在地。古老的徽派建筑，散发着浓浓的徽派风情。有游客把这里看作现实版的“清明上河图”，篁岭的一砖一瓦仿佛都被烙上了历史的烙印，游客置身其中，回味无穷
	晒秋民俗	篁岭晒秋 篁岭晒匾 丰收 乡愁	每到丰收之际，五谷丰登，瓜果飘香，五彩斑斓的农作物纷纷爬上了晒架，勾勒出一幅幅极具特色的晒秋美景。这一幅幅美景不仅代表着农民伯伯们丰收的喜悦，更隐含着长辈们对游子归家的期待。乡愁之情溢于言表
	生态景观	水墨梯田 油菜花海 鲜花小镇 美景	婺源凭借原生态的自然美景和浓郁的徽派文化风格，获得“中国最美乡村”的美誉。那里的水墨梯田、油菜花海、鲜花小镇，无一不是游客驻足凝视的焦点美景
	娱乐活动	丛林探险 急速溜索 独特体验	篁岭景区的丛林探险、极速溜索等户外体验项目也是游客驻足的焦点。在这里，游客们可以尽情地通过自己的方式来感受每一条探险之路，留下一次回味无穷的冒险体验
色彩意象	彩色 黄色 灰黑色 绿色	篁岭晒秋 油菜花海 徽派建筑 水墨梯田	篁岭独特的旅游吸引物也反映在五彩斑斓的色彩意象上。有多彩的篁岭晒秋、金黄的油菜花海、灰黑的徽派建筑、水绿的水墨梯田等。多彩而独特的篁岭是乡村旅游色彩意象营造的典型性代表

经过开放性编码、主轴编码、选择性编码三步之后，将各个范畴加以系统地联系，推断它们之间的关系。结合主题深入研究，进而发现新的研究理论框架，如图 3-1 所示。

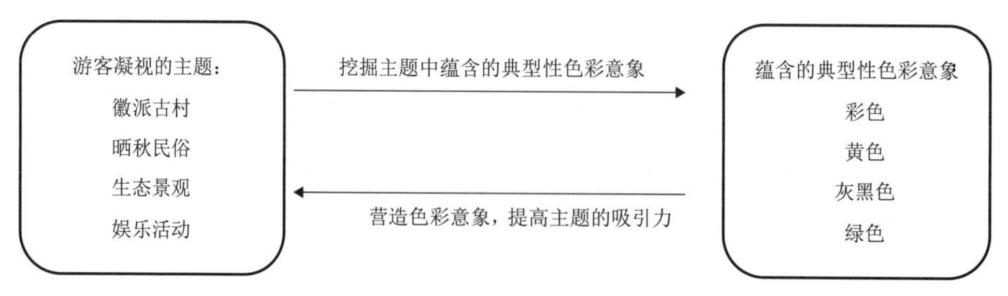

图 3-1 游客凝视主题与色彩意象的关系图

1. 游客凝视的主题

“游客凝视”是旅游者旅游活动行为的真实缩影，游客的凝视行为架构和建设了视觉景象，这是旅游地的典型意象元素所要给予游客的。本章研究婺源篁岭色彩意象的营造效果，自然要先找到对于婺源篁岭景区来说，游客凝视的主题有哪些。通过深度访谈收集数据和扎根理论的三级编码可得：游客前往婺源篁岭旅游，所凝视的主题主要有4类，分别是徽派古村、晒秋民俗、生态景观和娱乐活动。首先，徽派古村是篁岭景区的立足之本。从访谈结果可知，徽派古村的建筑风格是游客到达篁岭所感受到的第一视觉印象。徽派建筑古朴、有韵味，在总体的布局上，采用靠山而建的方式，构思巧妙；在平面布局上，讲究灵活，屋舍搭建多有变化；在空间利用上，造型多样，富有韵律。其次是篁岭的自然生态景观，主要包括三部分美景：水墨梯田、油菜花海和鲜花小镇。其中，调查得知，游客印象最为深刻的是堪称“惊艳”的金黄色油菜花海。每年春季，漫山遍野的油菜花竞相绽放。古朴的徽派建筑，配上漫山遍野的油菜花海，对于游客来说，无疑是一场终生难忘的视觉盛宴。再次，绝大部分前往篁岭的游客均是被篁岭的晒秋民俗所吸引的。依山而建的篁岭古村，地形崎岖，自然条件不佳，但智慧的篁岭人凭借无穷的创造力，勾勒出了这无与伦比的晒秋风情画。清晨，在太阳的光辉下，在白墙灰瓦的掩映下，颜色各异的农作物跃然于每家每户的晒匾上，这独一无二的晒秋美景，是篁岭作为“中国最美乡村”的标志和符号。最后的娱乐活动，包括丛林探险和急速溜索等独特体验项目，是篁岭作为一个完整的乡村旅游地的补充，对于游客吸引力来说，起到了锦上添花的作用。

2. 蕴含的典型性色彩意象

色彩意象即色彩在一定程度上对游客心理感觉和情感的影响，不同的色彩意象能使游客产生不同的感受，联想到特定的属性和意义。通过深度访谈和扎根理论分析可知，基于游客凝视视角，篁岭的典型性色彩意象有彩色、黄色、灰黑色和绿色。其中，彩色指的是篁岭晒秋。篁岭晒秋作为篁岭的标志性名片，是篁岭景区对于游客的核心吸引力。访谈的30个游客中，有18个游客提到了彩色。晒秋时节，每家每户房前屋后，有各种色彩斑斓的农作物：辣椒、大豆、玉米、黄菊等。游客认为篁岭晒秋民俗中所呈现的多姿多彩让他们感受到丰收的喜悦，感受到村民的热情和真诚，这是游客在旅途游玩的过程中所想要的。此外，黄色指的是油菜花海。油菜花海是篁岭除了晒秋之外的又一核心吸引力，是婺源田园风光的代表。在受访的30个游客中，有9个游客提到了黄色。只要是春季前往篁岭旅游，那一定是冲着篁岭的油菜花海去的。他们认为，在春天去篁岭看一场油菜花海，不仅是一次视觉盛宴，更能让身心得到熏陶和洗涤。灰黑色是篁岭徽派建筑的主要色彩，30个游客中有28个游客都提到了灰黑色。因为不管是什么季节前往篁岭的游客，都能感受到灰黑色的徽派建筑所带来的那种古朴的气息，这里好似一幅活脱脱的“清明上河图”，屋舍与自然美景的交错，如诗如画，意境深远。绿色主要指的是水墨梯田。受访游客认为，篁岭美丽的自然生态景观不仅体现在金黄的油菜花海，水绿的水墨梯田也是他们驻足欣赏的焦点，能带给他们心灵的宁静。

（四）饱和度检验

饱和度检验是为了检验所提出的概念和范畴是否充分，所提出的游客凝视主

题是否全面,所挖掘出的色彩意象对于篁岭景区是否具有代表性和典型性。如果理论饱和度检验通过了,则证明上文所提出的游客凝视主题全面,色彩意象具有代表性和典型性。如果没有通过理论饱和度检验,则证明游客凝视主题不全面,色彩意象挖掘不具有代表性和典型性,需要继续收集相关材料和对话访谈。对此,笔者再次通过网络访谈了4位游客,未发现新访谈的游客涉及新的概念或范畴,说明理论饱和度检验通过。

本章小结

本章在国内外相关研究综述的基础上,以婺源篁岭为例,基于游客凝视的角度对乡村旅游的色彩意象营造进行研究,得到如下结论:

第一,徽派古村、晒秋民俗、生态景观和娱乐活动是篁岭游客凝视的四大主题。游客前往篁岭旅游,想要“凝视”与平常生活中截然不同的事物,而这四大主题就是篁岭旅游地的游客吸引力所在。

第二,彩色、黄色、灰黑色和绿色是篁岭乡村旅游色彩意象的主色调。篁岭作为著名的乡村旅游地,有着多种多样的乡村旅游意象以及相应的五彩斑斓的色调。实证研究表明,多彩的篁岭晒秋、金黄的油菜花海、灰黑的徽派建筑和墨绿的水墨梯田是给游客留下深刻印象的色彩意象。

第三,生态景观色彩意象、建筑景观色彩意象、民俗景观色彩意象是篁岭的三类色彩意象。结合数据研究分析和相关文献资料,可以根据色彩意象的不同性质,对篁岭的色彩意象进行分类:油菜花海和水墨梯田属于生态景观色彩意象;徽派建筑属于建筑景观色彩意象;篁岭晒秋属于民俗景观色彩意象。

第四,篁岭乡村旅游色彩意象的营造是从游客的物理视觉体验延伸至心理影响和感受的过程。其具体的表现为:

(1) 生态景观色彩意象来源于大自然的赠予和景区的针对性规划。篁岭的金黄色油菜花海和绿色的水墨梯田是篁岭作为“中国最美乡村”的标志性名片。连绵起伏金黄色油菜花海和墨绿色水墨梯田给予游客极大的视觉冲击和心灵上的震撼,在心理上,黄色带给游客的是乐观、理想和阳光,绿色带给游客的是健康、青春和希望,两者交相辉映,更能给游客营造一种宁静、舒适的氛围。这也是篁岭景区通过生态景观色彩意象营造想要带给游客的独特体验。

(2) 建筑景观色彩意象。建筑作为人工景观,其色彩意象主要通过人工技术手段产生。篁岭作为著名的徽派古村,其灰黑色徽派建筑掩映在绿树白瓦中,让游客感受到的是村民们最朴实的生活色彩。游客仿佛置身于这种日出而作、日落而息的乡村生活中,将来自城市钢筋水泥的沉重压力一扫而光。这就是篁岭景区通过建筑景观色彩意象营造想要带给游客的休闲与舒适体验。

(3) 民俗景观色彩意象由当地村民生产生活的民风民俗共同呈现。篁岭的民俗景观色彩意象可谓是极具代表性,原因在于篁岭的民俗——篁岭晒秋,是篁岭作为一个著名的乡村旅游地而广为人知的,也是最具有游客吸引力的标志性景观符号之一,甚至可以说是篁岭景区的代名词。这独特的“晒秋人家”风情画在每年的秋季丰收季节,表现得最为丰富、最具神韵。通过访谈调查分析得知,对于游客来说,彩色是篁岭晒秋的标志性色彩。每年秋天,在枫树红叶的掩映下,晒秋到达顶峰,游客徜徉于这诗情画意的晒秋画面中,感受到的是村民在自然条件的约束下激发出来的想象力和创造力,这是何等的智慧与风情;感受到的是瓜果的飘香和丰收的喜悦;感受到的是一缕淡淡的乡愁,它散落在篁岭人的门口窗前,召唤那些出门在外的游人早日回归故土。

第四章

乡村旅游地乡愁景观感知

学习目标

1. 了解基于游客视角的乡村旅游地乡愁景观感知相关研究。
2. 掌握乡村旅游地游客乡愁景观感知分析过程。
3. 了解基于游客感知的篁岭乡愁旅游景观的营造策略。

第一节　基于游客视角的乡村旅游地乡愁景观感知相关研究

一、乡村旅游地乡愁景观感知的研究背景

（一）旅游开发被认为是留住乡愁的重要实践形式

2013年12月在北京召开的中央城镇化工作会议明确指出，城镇建设要“依托现有山水脉络等独特风光，让城市融入大自然，让居民望得见山、看得见水、记得住乡愁”，要“融入现代元素，保护和弘扬传统优秀文化，延续城市历史文脉”。习近平总书记在中国共产党第十九次全国代表大会上发表讲话时强调“建设生态文明是

中华民族永续发展的千年大计"，"坚定走生产发展、生活富裕、生态良好的文明发展道路，建设美丽中国，为人民创造良好生产生活环境"。2021年4月，习近平总书记在广西考察时特别强调，全面推进乡村振兴，要立足特色资源，坚持科技兴农，因地制宜发展乡村旅游、休闲农业等新产业新业态。2022年中央一号文件《中共中央国务院关于做好2022年全面推进乡村振兴重点工作的意见》印发，这是21世纪以来党中央关于"三农"工作的第19个一号文件，文件提出要"扎实有序做好乡村发展、乡村建设、乡村治理重点工作，推动乡村振兴取得新进展、农业农村现代化迈出新步伐"。在乡村振兴的战略背景下，旅游开发被认为是留住乡愁的重要实践形式。

目前，乡村旅游的文化内涵和附加值都很低，这是影响乡村旅游发展的主要原因。要转变这一现状，首先要认识到乡村旅游的文化属性和以文塑旅的重要意义，其次要深入挖掘其所蕴涵的传统文化，突出其多元的文化特征与创新价值。乡村旅游是乡村振兴的有效途径，但其简单利用和同质化竞争问题尤为突出。文化是人的生活方式、价值观等的体现，不同的人使乡村文化五彩缤纷。因此，乡村旅游要突出地方文化的特点，打造自己的旅游品牌。

（二）城镇化背景下大众普遍产生乡愁慰藉心理

乡村作为传统文化的重要载体，在乡村文化中占有举足轻重的地位。旅游业作为一种综合性产业，能够有效拉动经济发展。目前，旅游业在乡村振兴战略背景下，正经历着从传统的观光旅游向新型的休闲度假旅游提档升级的转变。乡村旅游发展使古村落延续着千百年来发展的强大活力，这对于生活在城市的人来说，是一种特殊的吸引力。如今的乡村旅游发展应该摆脱形式单一的农家乐方式，逐步转向品质游、特色游。乡村旅游的宗旨，是让田园抚慰乡愁，让游客感受田野与四季、风俗与人情，让自然回归自然。

游客参与到旅游中，可能更在于追求一种异于自身日常生活方式的体验。生活在都市中的游客，厌倦了高楼林立的规整街巷，想从日常快节奏的城市生活中短暂逃离，更乐意去到生态环境优美的自然乡村，体验回归到原始村落里的纯真。因此，乡村旅游近几年发展得如火如荼，未来乡村将成为重要的旅游活动场所和空间，带动更大范围内乡村经济的发展。在时代大背景下，游客对乡村旅游旺盛的需求与乡村旅游地有限的供给能力之间形成了明显的矛盾，矛盾的存在引发了乡村旅游发展中诸多问题。城镇化进程导致了景观的趋同化，其特征是"乡村城市化，小城镇建设大规模城市化，大城市逐渐欧美化"。在这样的大环境下，把乡愁文化和各种景观因素有机地融合在一起，可以使景观的公共化和独特性得到进一步的恢复，从而更好地满足公众的需求，体现公众的审美趣味，为"千城一面"和"千村一面"问题的解决提供新的思路。面对当下旅游市场上对良好乡村旅游环境的急剧需求，与全国范围内乡村旅游中层出不穷的问题，挖掘乡村旅游的景观基因，发挥其内在乡愁文化的深层内涵价值，识别符合游客感知的景观元素，是未来乡村旅游生命力持续增长的重要路径，也有助于形成游客感知记忆里的美丽乡愁。

（三）国内基于游客视角的乡愁景观感知研究较少

乡愁是中国人对故乡故土、山水人文的长久眷恋。与国外的怀旧情结不同，中国人的乡愁有其独特的文化传统与人文情怀，在地域层面及空间层面紧密联系。乡村景观作为乡愁的载体及外在表现形式，更应该获得广泛关注。国内学者对乡愁的研究主要集中于乡愁的概念和定义、乡愁民俗以及城镇化背景下的乡愁研究等；对乡村景观的相关研究，侧重于探讨乡村景观规划的理论、方法与实践等；而基于游客视角，探讨游客对乡愁景观感知的研究还比较少见。

二、乡村旅游地乡愁景观感知的研究意义

（一）丰富乡愁旅游研究的内容和主题

近年来，国内外学科中有关乡愁情感的研究大部分集中在心理学、文化学、社会学、地理学等领域。在当前国内研究中，乡愁景观研究的相关方法多停留于意象的提炼，主要集中在人群情感和地域特征，缺少将两者进行联系的研究方法，对于乡村旅游中乡愁情感及游客感知行为的研究尚未深入，需要进一步地深度探究。本章通过研究游客感知下的乡愁景观影响因素，了解游客在乡村环境中对乡愁元素的感知结构与频度，分析游客对乡愁氛围的心理期许，以婺源篁岭为案例地进行实证研究，针对篁岭的乡愁旅游提出了基于游客感知的乡愁景观营造策略。这些研究有利于丰富乡愁旅游研究的内容和主题，拓展乡愁旅游研究的领域。

（二）促进乡村发展良性循环

环境是乡愁的载体，特别是经过岁月洗礼而保存下来的乡野风光，更是一种令人难以忘怀的情怀。在城镇化进程中，由于乡村人口的不断减少，“乡愁”景观和文化也随之减少，这对中华优秀传统文化来说，无疑是一种损失。乡村景观作为乡村延续历史文脉的外在表现形式，更应该获得广泛的关注。有相关研究表明，成功的乡愁景观构建，可帮助乡村居民重拾自信，吸引人才回流，有利于促进乡村发展良性循环；对于城市居民而言，乡愁景观可缓解高强度的城市生活压力，提供亲近自然的原生态生活方式体验。因此，保留、挖掘、展示“乡愁”景观和文化，使其助推美丽乡村建设实践，是实现美丽中国的重要内容。

三、游客感知相关概念研究

“感知”(cognition)一词来源于心理学，对其含义的界定最早开始于20世纪60年代感知心理学的兴起。感知是一种心理活动，它是一个人主动地寻找信息、接收信息，并以某种结构形式处理信息的过程。而“游客感知”或“旅游者感知”(tourist perception)一词在国内外的学术研究过程中仍未发展成明确的学术名词或概念。关于旅游感知的研究方向主要有两大类，一是当地居民对旅游目的地的感知，二是游客对旅游目的地的感知。由于本章是从游客角度进行研究，因此以游客旅游感知论述为主。当前学术界普遍认为，游客感知是指人们在旅游活动中，通过感官对旅游

对象、环境状况等获取认知的一种心理活动。游客在旅游过程中通过感官接收各种旅游信息因子，然后通过大脑对接收到的旅游信息因子进行加工，最后形成个人的旅游感知。游客感知是游客在旅游的过程中对旅游全程的主观感受，直接作用于旅游决策。

（一）国外游客感知研究

国外对游客感知的研究始于20世纪60年代，多将旅游感知与游客对旅游目的地的评价、游客的经验及其感知判断结合在一起。

1. 游客感知形象研究

Gunn（1988）将“游客感知形象”划分为7个不同阶段：①通过非商业化信息累积，产生一个有机形象；②通过商业化信息累积，修改最初的形象，形成一个诱导形象；③决定旅游；④实际旅游；⑤共享目的地；⑥回家；⑦根据在目的地的经历修改形象。Beerli & Martin（2004）的研究结论显示，游客动机影响情感形象，游客度假经历与感知形象和情感形象有显著的关系，人口社会统计特征同样影响形象的感知与情感评价。Michael Grosspietsch（2006）通过研究游客对卢旺达的旅游形象感知，区分了游客感知形象与目的地投射形象两个概念。

2. 游客感知价值研究

Sánchez等（2004）认为感知价值是顾客对产品和服务在不同时期的主观感受，游客感知价值分为六个维度：旅游设施的功能价值、旅游专业人员的功能价值、质量的功能价值、价格的功能价值、情感价值、社会价值。Cham Tat Huei等（2021）研究发现广告和社交媒体传播在消费前、消费后对医院品牌形象和品牌信任形成有积极的影响，医疗旅游者对医护人员的感知价值和信任影响着他们的感知服务质量与满意度。

3. 其他具有代表性的研究

Dongoh Joo等（2019）认为游客与目的地的情感联系对他们对目的地旅游的看法和反应有积极影响，目的地管理者应该重视游客的旅游态度。Mohammad Rashed Hasan Polas等（2021）研究发现游客感知在旅游健康风险与旅游犹豫之间缺乏中介作用，有助于旅游目的地利益相关者了解游客感知和游客犹豫的原因。Ambardar等（2020）研究发现，就游客感知的差异而言，国际游客感知到的负面影响更大，国内游客感知到的正面影响更大；男性游客对环境影响的感知强于女性游客，女性游客对社会文化影响的感知强于男性游客。Bhuiyan等（2021）基于游客感知对孟加拉国萨法里公园游客满意度进行测量发现，“员工和准入”“吸引力”“设施”和“环境”四个维度对游客总体满意度有显著影响。在游客感知的研究中，国外学者对游客的风险认知与安全认知进行了深入的探讨。Wolff Katharina & Larsen Svein（2016）通过对游客对不同目的地的风险认知进行跨时间、跨地点和国家的比较研究发现，虽然不同目的地的绝对风险判断在研究期期间有所波动，但相对风险判断保持不变；游客在“最安全的目的地”中持续地感知到自己的祖国，从而形成了“家是安全的”的感知。

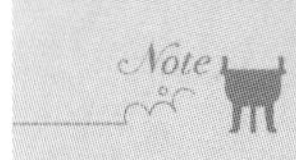

（二）国内游客感知研究

国内对游客感知的研究成果较国外偏多，但多是以游客感知为研究视角，结合旅游业中的具体现象或问题进行的实证分析，对其概念的界定多是从心理学视角给出的解释，而将其作为旅游学科纯理论研究的成果较少。其中，从旅游学科视角对游客感知概念进行明确界定的有白凯等学者，他们将游客感知作为旅游行为研究相关的内容，对国内外相关的研究成果进行了梳理归纳，辨析了旅游感知和旅游行为的关联与区别。国内学者对旅游感知的研究视角主要集中在游客空间认知、游客行为认知、游客心理认知等方面；研究主题集中在旅游目的地意向、城市形象、目的地居民认知、地方感认知、认知水平测量及旅游认知理论分析等方面。

1. 感知形象

郭英之(2003)通过对国外旅游感知形象影响因素、感知形象类型、行为模式、市场营销管理等方面，以及国内感知形象及策划方面的研究成果进行梳理，在研究内容及方法上做了总结；张宏梅等(2010)以阳朔旅游地为例，使用结构方程模型技术探讨主客交往偏好对目的地形象感知和游客满意度的影响；朱竑等(2010)以西藏歌曲为例，从听觉角度分析旅游者对目的地形象的感知。

2. 感知环境

唐文跃(2010)运用结构方程模型建立并描述了游客对旅游地环境(资源、景观、客体)影响的感知；陆林等(2011)通过问卷调查获得游客对黄山风景区环境感知、满意度、信任度和忠诚度的数据，采用结构方程模型方法，检验模型拟合度及各变量对旅游者忠诚度的影响。

3. 感知敏感度计算方法

李仁杰等(2011)将景观感知倾向性、景观美学与质量评价等研究成果和游客感知评价结合，通过定量描述可以感知的生态景观，反向描述游客的景观感知程度，提出景观感知敏感度概念，建立观光线路景观感知敏感度模型和基于栅格数据的景观感知敏感度计算方法；陈钢华等(2019)通过网络文本搜索和半结构化访谈的方式，探索并识别了目的地浪漫属性的结构维度，认为游客感知视角下的目的地浪漫属性由4个主范畴(环境及资源基础、环境/景观特性、浪漫氛围营造、环境感知特质)和18个范畴构成；史达等(2022)以大连市景区为案例地，研究发现游客感知的表征因素、效用因素、结构因素和特征因素等范畴内蕴含着复杂的正负情感双重维度，正负情感主题具有显著的差异性，游客正负感知之间的转换和调整动态演绎出游客对目的地的最终认知与情感。

从整体上看，目前国内对游客感知影响的研究还处在初级阶段，已有的研究多以旅游地形象为研究对象，仅对环境影响进行了较少的研究，而对经济、社会等方面的影响则研究不足。

第二节　国内外乡村旅游地乡愁概念相关研究

一、国外关于乡愁的研究

国外学界关于乡愁的定义经历了多次演变。乡愁概念最早由瑞士医生Johannes Hofer于1688年在其学术论文中提出，是指“一个人因不在自己的家乡或者害怕回不到家乡而感到的痛苦”。当时使用的英文单词为“homesickness”，意指一种医学上的神经疾病。18世纪后，人们常使用结合词“nostalgia”来表述乡愁，它由希腊语中的两个词根“nostos”（返乡）和“algos”（痛苦）所组成，翻译过来可以将“nostalgia”一词理解成“对回到家乡的渴望”。

到了19世纪，乡愁从最初的神经疾病范畴中分离出来并成为心理学的一个专门术语，表现为一种心理状态，这种心理状态会影响人的心理机能。不难看出国外早期将乡愁整体定位于“疾病”的范畴，后期发展到心理情感层面。20世纪初，随着现代化进程加快，乡村不断向城市转型，整个西方社会陷入对现代化的焦虑，普遍产生一种怀念以往家园的乡愁。

就乡愁所体现的情感倾向来说，Holak等（1998）将乡愁看成一种积极的情绪体验，如温暖、快乐、感激等。Wildschut等（2015）研究发现，有关乡愁的自传叙事中包含大量的积极情绪与消极情绪，积极情绪包含幸福的情感，同时也能唤起对遥远过去的某种伤感；负面情绪容易引发乡愁，包括离散的消极情绪和普遍的消极情感状态，即乡愁总是发生在对当前感到恐惧、不满、焦虑或不确定的背景下。

除情感因素以外，国外学者对乡愁的人口学特征、情境、社会互动、时空距离、归属感等触发因素进行解释。Boym（2001）强调乡愁的空间性，其表现为因空间转换而产生失落感、生活方式被打乱、控制力减弱、自我角色改变、出现角色冲突等5种行为模式。此外，Seehusen等（2013）研究发现归属感的缺失也会增加乡愁的倾向性。

基于对此类文献的综合理解，本章对国外文献中“nostalgia”进行初步的概括：思乡之情通常是指人离开家和家乡，进入新的环境生活，由于两地之间人文环境的差异，加之受到地域性的阻隔，对曾经的生活环境与人文情感产生思恋怀念，进而产生失落、难过、压抑等负面情绪。这与基于中国文化的“乡愁”（深切思念家乡的心情）具有相似的内涵。

国外对于乡愁景观的研究大多以怀旧情感与旅游意象为结合点展开探索。Minca（2007）认为景观是构建旅游意象的关键参考点，在游客的旅行体验和与他人的相遇中扮演着重要的角色。Frawley（2002）认为文化景观与自然景观对爱尔兰人身份的塑造具有重要意义，爱尔兰文学从12世纪开始，在对自然的运用上，集中于对过去的保存和对遗失文化的渴望。Christou等（2018）发现渴望重温过去的日子是激发游客去乡村旅行的重要因素，并提供了一种能够识别出相关元素的图表工具，

从而触发、强化和安慰怀旧情绪。Gupta等(2020)发现乡愁处于历史和地理环境的变化之中,旅游地通过乡愁景观,唤起人们对过去的联想。

二、国内关于乡愁的研究

与国外的研究轨迹不同,乡愁在我国最早的文字记载能够追溯至西周时期《诗经》中的内容。千百年来各种形式的文学作品中,乡愁主题的创作不胜枚举。但直到近十几年,才有学者将乡愁直接作为学术研究的对象,或者以较为科学的理念融入不同学科的研究。总体来说,早期国内对乡愁的学术研究主要集中在社会学、文学等领域,对乡愁的情感内涵及表达形式、乡愁的产生背景等进行了初步探究。

2013年12月在北京召开的中央城镇化工作会议明确指出,城镇建设要"依托现有山水脉络等独特风光,让城市融入大自然,让居民望得见山、看得见水、记得住乡愁","乡愁"这个词被正式列入了政府文件。从此,关于乡愁的研究迅速发展,通过中国知网的关键词文献搜索,相关研究从2013年的413篇增长到2021年的5543篇。在研究领域上,除了早期的文学和社会学领域外,地理学、建筑学、民俗学等学科对乡愁的研究也出现了井喷式的增长,其关注的焦点从表象、内涵、表达方式等方面转向深层的研究,注重将乡愁概念融入城市化,以推动城市化的快速、健康发展。

概括起来,国内学者对乡愁的界定主要从以下三个方面展开。

第一,"乡"在乡愁中的空间载体。有学者认为,乡愁是对乡土风情、田园风光的保留和亲善人际关系的回归;乡愁是对过去乡村生活的伤感或痛苦回忆;乡愁是涌入城市的乡民对传统生活模式的依恋;而更多的学者认为,"乡"这个词并不只是指乡村,而是指家乡、故乡、原乡,也包含了城市,是乡村和城市的总称。

第二,"愁"在乡愁中的具体含义。刘方(2014)指出,"愁"是一种心灵的印记;郭世松(2015)则认为,"愁"是人对自然的一种文化记忆;刘沛林(2015)认为,"愁"一方面是一种回忆、一种思念、一种心灵的温情,另一方面是一种文化感受、文化启迪或文化认同,产生于人们寻找自己精神家园的过程中,是一种精神上的需求、寄托和支撑,在新型城镇化建设中除了要保护文化外,还需要注意保护与乡愁文化有关的景观。

第三,乡愁情感的产生主体。基于城镇化过程中人的角度,叶强(2015)指出,乡愁一方面是城市人和城郊人的乡愁,另一方面是从农村进城务工和谋生的人的乡愁;从个体与群体的角度,窦志萍(2016)指出,乡愁有个人的乡愁、群体的乡愁、整个民族的乡愁之分;关于乡愁产生的必要条件,耿波(2015)指出,乡愁的产生主体是离开家乡并且在异乡获得社会认同的特殊人群;而周尚意(2015)则认为,没有离开过居住地的人也具有乡愁,并指出如果乡愁建设只是为了离开之人,那么在道德上是缺失的。

因此,乡愁被界定为一种心灵深处的对家乡、曾经居住的地方的追忆和怀念,是对遥远的在家乡生活的时间片段的追忆和思念,是现代人对"不能回到家乡"的

一种主观感受。乡愁作为一种情感，凌宇(2000)认为乡愁是被过去、现在、未来的三种不同的“乡土景观”所吸引而产生的一种愁绪，或悲悯、或关怀、或思考。林剑(2017)则认为乡愁是社会发生变迁或转型时期的产物，只要社会、历史处于发展、流动的状态，乡愁就不可避免。

乡村作为乡愁的直接承载体，乡村自然景观、农业生产生活空间以及当地人的生活方式、情感是直接的乡愁触发要素。谢彦君等(2021)研究发现，乡愁可以呈现为一种景观形态，具有可感知的景观特征，并综合体现为多感官的情境化体验对象。吕游(2019)提出乡愁景观的概念，总结出乡愁景观的符号组成，乡愁景观设计是基于乡土特色探索构建乡愁景观的方法。张智惠等(2019)从乡愁释义及乡愁景观概念内涵入手，通过田园诗词、田园山水画、乡愁纪录片和调查问卷等多种途径挖掘和提炼“乡愁景观”载体元素关键词组并对其进行分析归类，构建“乡愁景观”载体元素体系。王新宇(2019)结合对乡愁文化内涵的解读及乡愁景观特征的总结，整理出乡愁景观的构成要素及表现形式，以及乡愁景观创作中的运用方法。马凌等(2021)研究发现观念景观是研究人地关系议题的文化图像工具，是对物质景观的拟态，是基于真实世界之上的景观。

三、相关概念研究概况

（一）游客感知

基于对国内外大量文献的归纳整理，国外对游客感知的内容研究丰富，相关理论较为成熟。我国的游客感知研究起步较晚，对游客感知的研究有待深入和细化。国外学者在游客感知研究的内容上，将微观视角作为研究的主流，游客形象感知、游客感知价值、游客服务质量感知、危机感知、安全感知是研究的主要方向。国内学者对游客感知的研究尚未完全系统化，对游客感知形成机制的相关研究，多基于深度访谈的扎根理论、民族志等定性方法；研究内容上更加侧重实际应用，多以游客视角为出发点，从实际问题出发选定研究区域，建立感知价值模型辅以实证分析，并针对分析结果提出具体发展建议和措施。

（二）乡愁景观

随着研究内容的加深和研究范围的扩大，国内学者将乡愁从古代文学领域中引出，不同学科渐渐科学化、理性化地借鉴乡愁概念并引入各自的领域，试图进一步解读乡愁的含义，或者借此完善本学科的理论及实践；而国外对于乡愁的研究则是从早期将乡愁看作伴随一系列不同程度身体不适症状的临床疾病，逐渐过渡到近现代将乡愁定义为一种情绪或一种心理状态。无论在国内还是国外，乡愁的内涵都不尽相同，但其核心都是对过去的怀念。

当前国内对于乡愁景观的研究，主要分为两种：将乡愁作为一种情感，从文学作品中提取乡愁情感与景观进行关联；将乡愁作为一种景观，针对特定地点地域景观进行分析，从而得出相关指导意见。本章将乡愁作为一种景观来看待。

乡愁景观与人文景观相融共存。丰富的地域性景观风貌，反映地方文化和民俗习惯的人文要素,以及纯朴、简约的乡土气韵,汇聚成为乡愁景观。乡村所留下的建筑、小路、树木、小桥等都是乡愁忠实的记忆载体,各种生态要素组合所呈现出来的景观,反映了乡村本身所蕴含的乡愁内涵,它可以使当地人产生熟悉、回忆、地方依恋的感觉,也可以使外来者感到亲切、舒适、有归属感。

关于"乡愁"在乡村景观建设中的作用,过去的研究多从建筑、地理、文化等方面进行探讨,重点关注乡愁景观的物理性;而从游客感知角度出发,且涉及乡愁景观的体系研究尚少。另外,由于乡愁扎根于其特有的文化传统与人文情怀之中,如何通过游客的感知来探讨乡愁元素在社会生活中的分布状况,也是一个亟待解决的问题。本章将游客作为感知主体,建立"地—时—人—事"的乡愁景观分析框架,通过实证分析,最终确立基于游客视角的篁岭乡愁景观感知体系,是对乡愁研究在乡村旅游地领域的尝试和探索。

第三节　婺源乡村旅游地游客乡愁景观感知分析

一、案例设计

(一)案例地概况

婺源篁岭是石耳山脉的一处典型的山寨式徽派古村落,位于江西省婺源县江湾镇,始建于明代宣德年间,距今已有近600年的建村史。篁岭得名源于其所在地多篁竹,所以名曰篁岭。石耳山脉位于浙江省开化县和江西省婺源县之间,地势险峻,因名贵药材石耳长在海拔高达1200米的危崖峭壁上而得名。古诗中对石耳山曾有描述:"石耳连纵势插天,徐行步步踏云烟。扪萝直上高峰顶,千里湖山聚目前。"篁岭古村内至今留存着一百多座古徽派民宅,这些民宅建于山崖之上,仿佛悬挂在落差百米的山窝之中,高低排列错落有致。篁岭村的对面,是一大片从山谷到半山腰的梯田。篁岭的村民为了适应"地无三尺平"的自然地形,每家每户都在房顶上搭建了一个晒台,用来晾晒谷物。晒秋文化,是篁岭最为亮丽的一道农俗景观。

曹氏在篁岭一带,世代都是大家族。据史料记载,篁岭的祖先因唐末黄巢起义而南下,到了歙县,经过六代人的努力,才来到了篁岭。篁岭四面环山,古木参天,上百幢雕梁画栋的徽派古建筑在百余米的斜坡上错落有致地排列着,层层叠叠,加上数千株奇花异木、一片片梯田,这里被誉为"南方布达拉宫"。篁岭有深厚的文化艺术底蕴,有竹山书院,有曹氏宗祠,有天街商铺,有晒秋美宿,有徽州古宅,有木雕、石雕、砖雕的"徽三雕"非遗技艺,有传统的晒秋民俗,仿佛一座巨大的民俗博物馆。

十多年前,篁岭就像国内的大部分古村一样,村内年轻人悉数外出打工,导致村庄土地荒芜、无人打理,建筑年久失修、面临倒塌。2009年9月,婺源县乡村文化发展有限公司投资1200万元,对篁岭村进行了全面的搬迁。为方便村民出行,在主要道路附近修建了3层连排别墅、68个安置房,320位村民从山上搬迁到山下,户均

住宅面积约200平方米，新的村落畅通了水、电、网络，现代化的健身设施也一应具备。

空置后的篁岭古村，在保留和维持传统明清徽州古建筑风貌的基础上，通过对历史文化、乡村民俗、地质景观的深度挖掘、重塑，实现篁岭古村的再造。通过对篁岭古村全面的产权收购和搬迁安置，篁岭古村的古建筑和历史文化得以保存，从而有利于篁岭古村的面貌得到最好的再现。2013年3月，篁岭景区正式对外开放。2014年，“篁岭晒秋”入选“最美中国符号”，同年篁岭景区被评为国家4A级旅游景区。2017年5月，篁岭向创建国家5A级旅游景区迈出了关键性的一步。

（二）乡愁元素选取的原则

本章的乡愁元素特指乡村旅游景观中能触发游客的家乡记忆，使游客产生对家乡的向往之情，增强游客对家乡认同感、归属感的元素。

对于乡愁元素的选取，遵循以下三点原则：

一是所选元素要立足篁岭，符合篁岭的特色，尽可能涵盖大部分乡愁元素；

二是基于游客感知的角度，选取游客在游览过程中能够感知到的乡愁元素；

三是选取元素要尽量具有独立性，其综合表象具有唯一性。

二、乡愁元素选取的框架

由于乡愁元素所涉及的内容十分宽泛，对其选取的过程比较复杂，在参考相关文献的基础上，本章确立了“地—时—人—事”的框架，即一级指标乡愁因子主要由乡村地方特质（地）、乡村历史（时）、乡村活动（人）、乡村传统（事）四大因子组成，二级指标乡愁元素的选择在一级指标的基础上结合乡村旅游地的特点进一步细化。篁岭乡愁元素的分析框架如表4-1所示。

表4-1 篁岭乡愁元素的分析框架

编号	乡愁因子	乡愁元素
1	地：篁岭地方特质	山居村落等
2	时：篁岭历史	历史事件
		重要人物
3	人：篁岭活动	人的活动
		人的感官
4	事：篁岭传统	民风民俗

（一）地：乡村地方特质

1. 挂在悬崖上的晒秋古村

篁岭古村位于江西省上饶市婺源县江湾镇，是国际公认的世界旅游名村之一。篁岭古村四面环山，村庄房屋受“地无三尺平”的地形限制，高低错落地建在陡坡上。村子呈阶梯形分布，从山崖高处一直延续到山腰处。房屋分布十分集中，朝南方

向的房屋部分基本上都得到了充分利用，采光效果非常好。每到晴朗天气，几乎家家户户都将农作物晒于屋前房后，展示出的色彩斑斓、层次丰富的景象，极大地吸引了访游客的目光。排列有序的晒架、圆圆的晒匾、五颜六色的农作物与黑色的屋顶，壮观又细致地描绘出独特的晒秋文化景色和富有地域特色的乡土文化气息，它不仅保留了原始的乡村风貌，而且还保留了独特的民风。

2. 水口文化

古徽州推崇风水，人们认为水不仅象征财富，更象征村落宗族人丁的祸福兴衰。所谓水口，指水流的入口和出口。在篁岭人看来，水口是一个村庄的主要水源，它不仅是一个村子的风水，更是一个村子的灵魂所在。篁岭村位于石耳山的拐角处，水口位于山坳的入口处，为篁岭村提供了一个相对封闭的居住环境。篁岭人之所以“户闭”，就是因为他们认为水是财源，于是建造了一个水口，让水不会外泄，则财用之不竭。因此，在篁岭水口具备门户、界定、隐蔽、防御等作用，风水理论赋予水口“锁钥”的含义。篁岭只有一条小溪入村，所以人们在水口种下大量的树木，水口林经过几百年，形成了山与水、人与自然融为一体奇妙景观。

（二）时：乡村历史

乡村历史着重探讨的是历史事件、重要人物。据民间传说，唐代末年，黄巢起义，天下兵荒马乱，中原的强宗大族纷纷南下求生避难。其中，来自河南上蔡的曹氏分支，他们在古徽州的歙县逗留，此后百余年，曹姓世家逐渐向古徽州其他地区渗透。其中有一部分人，在篁岭附近的晓鳙村安顿下来。那时的篁岭，是曹家在晓鳙村放牧、砍柴的地方。据说晓鳙村有一个人叫曹文侃，某天他在篁岭的山脚下耕田，准备回家时耕牛却不肯离开。曹文侃指着耕牛前的一堆柴火说：“明早我来时，这篝火烧不灭，就表示这里适合我的子孙后代生活。”在离开之前，他将手中的竹鞭插在地上。第二天，曹文侃到了田地，看到篝火正旺，插在地上的竹鞭还长出了新的叶子。曹文侃认为这是老天的安排，于是他把全家从晓鳙村搬到了篁岭。曹文侃是篁岭建村始祖这个传说发生在明代宣德年间，距今近600年。从此，篁岭古村在一代代曹姓子弟的努力下，才有了今天的规模。

近些年，篁岭村和全国其他濒临消亡的古村类似，绝大多数年轻人外出务工，村庄呈现半空心状态，村内的徽派古建筑也因为年久失修、腐烂而倒塌。2009年11月，婺源县乡村文化发展有限公司依照《江湾镇栗木坑村委会篁岭村整体搬迁安置规划》，投资1200万元对篁岭村进行整体搬迁，在交通便利的乡村公路旁建设3层联排别墅，搬迁人口320人，新村实现了水、电、网络畅通，生活设施也十分便利（见图4-1、图4-2）。此后，开发商负责独立维护、营造村落景观风貌，并获得景区经营权，篁岭的改造被业界称为“腾笼换鸟”型开发模式。篁岭以当地自然与人文资源为载体，不断挖掘“文化基因”，逐步把现代化的服务和设施与农村古朴民居、民风民俗紧密结合起来，在原有的村落景观基础上，保留和维护传统徽州明清古建筑风貌，同时进行内涵挖掘、文化灌注，营造了不少新的旅游景观，并注入了各种旅游业态。

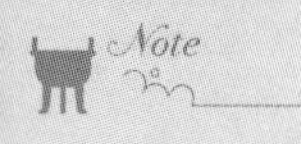

街巷（改造前）

街巷（改造后）

图 4-1　篁岭街巷改造前后对比

资料来源:网络

敬陈堂（改造前）

敬陈堂（改造后）

图 4-2　篁岭建筑改造前后对比

资料来源:网络

（三）人:乡村活动

人是古村落的灵魂,体现了流动着的人文活动,反映着过去的人文精神和人文动态。本章主要从人的活动与人的感官层面进行探讨。

1. 人的活动

对于古村而言,“人”的因素至关重要,因为“人”在古村落繁衍生息,保留了古

村落传统的生活方式，创造了古村落独特的民俗文化，赋予了古村落灵魂与活力。古村落居民保留的一些民风民俗、传统礼仪等让乡愁的氛围得以强化，成为乡愁情感的触发媒介，它们能让游客产生乡愁情感。

（1）傩舞。

傩舞是汉族古老的一种娱神舞蹈，民间称之为“鬼舞”，主要有祭神、驱瘟避疫、表示安庆的寓意。傩舞是赣傩的主要表演形式，伴奏乐器简单，一般为鼓、锣等打击乐，素有中国舞蹈“活化石”之称。2006年，傩舞入选第一批国家级非物质文化遗产名录。在冬至这天，篁岭的人们会以傩舞表演的形式祈福，祈求来年风调雨顺、五谷丰登，祈求孩子平安、生活顺遂。

（2）徽剧。

徽剧主要流传于安徽省、江西省婺源县，是中国戏曲的一个重要剧种，其艺术表现形式丰富多彩、技艺成熟，影响几乎遍及全国（见图4-3）。徽剧包含文戏、武戏、生活小戏，其中文戏表达感情细腻，歌舞并重；武戏粗放、精彩，功夫绝伦；生活小戏基于生活点滴，以诙谐幽默的方式展现乡土气息和风貌，深深吸引着观众。

图4-3　徽剧

资料来源：作者拍摄

（3）徽三雕技艺。

徽三雕技艺是指体现出徽式风格的木雕、石雕和砖雕技艺，主要存在于明清民居、祠堂、园林和家具等装饰雕刻中，具有浓厚的地域文化内涵，2006年入选第一批国家级非物质文化遗产名录。从徽三雕的成品中可以看出，其中使用的技术方法包括浮雕、圆雕和透雕等，内容主要包括民间传说、民间文化、自然风光和鸟兽等，范围广泛、作品出众（见图4-4）。徽三雕的文化内涵不仅体现在其雕刻手艺上，还体现于雕刻的文化内容。以“荷花图”为例，其体现出人与人之间以和为贵的相处之道，这也说明雕刻的题材受儒家文化的影响，体现了传统文化在当今的现实意义。

图 4-4　篁岭徽派建筑

资料来源:作者拍摄

2. 人的感官

《说文解字》中对"感"的解释是"动人心也。从心,咸声",意指受外界事物的影响而激动。人的感官受到外界事物的刺激而引发意识、情绪上的变化,这是一种内在的心理活动。人不仅有视觉感官,还有听觉、触觉、嗅觉、味觉等感官。"感"的产生取决于感官体系,而感官的响应是人的一种本能,它是人对这个世界最基本的认识方法和途径。当人在运用感官时,经过感觉、感知到感受等多个不同的感知阶段,由浅入深,完善对事物的情感表达。这些感觉通道同样在获取、储存和表示空间信息,它们的结合可以给任何一个空间环境一个综合的表示,进而指导人们的行为。人用视觉、听觉、嗅觉、触觉和味觉等感觉接收环境信息,五感的结合能让人感知环境事物的属性,全身心地沉浸于当地的风土人情以及浓厚的文化氛围。身处环境中,人们通过身体感受周围各种有形和无形的景象。

产生乡愁的环境具有不确定性,往往没有特定的载体。在某种环境中,人借助对周围景观的形、声、触、味等感知以及某些看不见的要素而产生乡愁。因此,乡愁是一种由多种感官结合而形成的综合性的感知体验。

(1)视觉。

视觉是人获得外部信息的主要感觉通道,人通常先通过视觉形成对景观的感受。据调查,人从外界接收的信息中,有 87% 是通过眼睛捕捉的,并且 75%～90% 的人体行为活动是由视觉引起的。视觉景观不仅包括点、线、面等景观元素,还包括色彩,进而丰富景观的视觉观感。

(2)听觉。

人从环境中所接收的信息大部分也要通过听觉,听觉补充了视觉的直接性,丰

富了人的多维感受。比如小桥流水、雨打芭蕉等自然景观，充分体现了环境中的声音要素。亚里士多德认为，人通过视觉能够感知到事物的共性，而通过听觉对事物的特性感知更为强烈，因为听觉更贴近人的心灵。

（3）嗅觉。

嗅觉感官是人类的五种感官中主观的、化学性的感官，在人类神经系统中占据着更高层、更系统的地位。当我们用鼻子闻到沁人心脾的桂花香时，我们意识到秋天来了，同时加深了对周边环境的感知。例如，贵州酒文化博物馆就是一个集色、香、味于一体的体验场所，其前身遵义酒坊在明清年间是当地主要的白酒酿造地，后来因年代久远而被遗忘。改革开放后通过现代考古学家的重新挖掘，新建贵州酒文化博物馆，并将原始的酿酒工艺在博物馆中进行活态型展示。在靠近博物馆的区域，游览者首先闻到的是浓郁的酒香味，这样的形式既切合了博物馆的主题，又加强了游览者的感官感知。

（4）触觉。

触觉是指人通过对物体的直接接触而感知事物，独特而不可替代。根据其来源不同，可分为诱发式触觉、主动式触觉、被动式触觉等。诱发式触觉主要是人在周围环境中被物体吸引而产生的触觉经验，而主动式触觉则是指人的身体主动接触物体而产生的触觉经验。

（5）味觉。

在人们对景观的感知中，往往会忽视味觉。在旅游形象中，味觉通常表现为参与式味觉和非参与式味觉。参与式味觉是指通过规划和设计，使人参与到自然的体验中，并与其产生交互作用；而非参与式味觉则是指在某种程度上，对人类的感官给予一定的暗示，从而产生“景观”和“味道”的交互作用。

（四）事：乡村传统

乡村传统主要体现在乡村方言、节日传统、民俗习惯等民俗风情中，还包括大量文字记载的史料或流传于村民口中的信息等。乡村传统内容丰富广泛，形式包含了诗歌、散文、坊间传说、方言、音乐、故事等。乡土故事人物、乡风民俗组成了民俗风情，它就像一棵古朴的藤蔓，承载着过去的回忆与现在正在发生的事。篁岭拥有丰富多彩的民俗资源，不仅再现灯彩、打麻糍等传统风俗，还对一些传统的节日进行了创新发展，如六月六的晒秋节、婚嫁的七夕节、百猪祭“犭回”神等具有特色的活动。“犭回”是婺源山越族人的五谷山神，此神可驱逐凶兽和灾难，保护家园百姓，故婺源历史上有舞“犭回”习俗，并于每年春天固定举办祭祀大礼，祈求山神保佑，并于秋季农作物收割之后举行百猪祭“犭回”之礼，以回谢山神的保护。

1. 晒秋民俗

晒秋是篁岭独有的一种农耕文化，是传统农耕秋收冬藏中不可缺少的一个环节（见图4-5）。晒秋体现了农耕文化普遍具有的特征，其顺应自然规律，是历史发展进步的产物。晒秋还是一种农时文化，在自然时序的时间框架之下，人们依照节气时令，以特定的季节仪式进行晒秋，体现了二十四节气农耕文明。

图4-5　篁岭晒秋

资料来源:作者拍摄

2. 婚嫁民俗

佳节宜嫁娶,嫁娶关系到繁衍生息,更是人类表达情感的重大仪式,自古以来就是人生大事。篁岭古代隶属徽州,故而这里所指的婚嫁民俗即为古徽州婚俗。古徽州婚俗沿用了中原土族的做法,又带有明显的皖南地方色彩。从内容上看,徽州婚俗有说亲、娶亲、会亲之分。重点是娶亲部分,新郎穿着传统喜庆裙褂,新娘凤冠霞帔、手持铜镜坐上花轿,在中式仪仗队带领下及唢呐锣鼓声中沿着古村天街前行,在古色古香的徽派民宅完成上轿门、站竹盘等传统仪式,拜堂成亲。拜堂仪式遵照传统习俗,包括拜天地、向父母敬茶、新郎用秤杆挑新娘喜帕、入洞房等(见图4-6)。虽然随着时间的推移,有些民俗逐渐远去,有些习俗更为简化,但我们仍能从当地民间生活的点点滴滴和鲜明细节中,看到风俗礼仪的继承和发扬。

图4-6　篁岭婚嫁民俗

资料来源:网络

3. 宗族文化

"寻根"情结是乡愁文化的本质,我国许多村落在迁徙过程中通过各个家族的宗祠扩散,形成了包含家族情结和地域情结的宗族文化。宗族是基层社会的基石,

人们修谱续祖的文化行为，在老百姓中起到支配作用。普通人的行为不仅受到国家法律的约束，也受宗族的指引，宗族规约起到约束全族人的作用。族谱、家庙、宗祠、族田、单姓聚落等是宗族构建的标志。

宗祠是祭祀等宗族重大活动的场所，迎亲嫁女、老人过世以及其他重要节日都要在宗祠举办相应的礼仪活动。宗祠建筑是每座村庄最具影响力、凝聚力、号召力的代表，反映着一个地方的社会经济和文化的发展，是整个村庄能够团结凝聚、绵延永续的精神所在。如今各地保留下来的宗祠建筑的传统象征意义有所减弱，逐渐成为村落中独特的精神家园和旅游场所。篁岭村中有着明显的宗祠文化，至今仍能感受到曹氏宗祠等的庄严和肃穆气氛、严森的等级制度以及强烈的宗族观念。

三、乡愁元素的确定

在前述分析基础上，本章主要采用问卷调查和开放式访谈两种方式确定乡愁元素。由于访谈形式较为主观和口语化，无法剖析出所有乡愁元素，因此将问卷调查方式作为补充，以扩充篁岭的乡愁元素（见图4-7）。

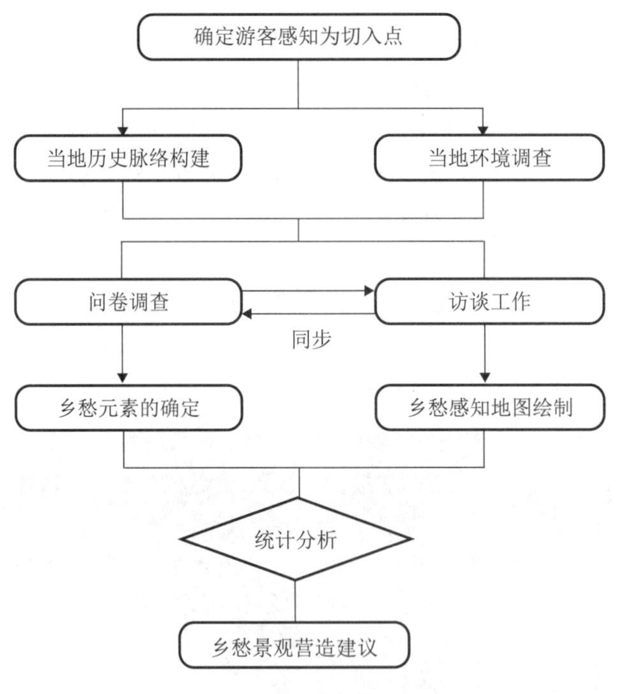

图4-7 感知地图研究方法

（一）乡愁元素的初始筛选

乡愁元素的初始筛选主要基于篁岭乡村旅游地相关史料和文献、村民讲述，以及笔者实地观察的篁岭的活动等，详见表4-2。

表 4-2　初始乡愁元素

编号	乡愁因子		乡愁元素	
1	地	篁岭地方特质	山居村落等	梯田错落、徽派古建筑
2	时	篁岭历史	历史事件	曹氏南迁定居、篁岭景区开发
			重要人物	建村始祖曹文侃、父子宰相曹文植和曹振墉
3	人	篁岭活动	人的活动	篁岭晒秋、百猪祭“犭回”神
			人的感官	视觉、听觉、嗅觉、触觉、味觉
4	事	篁岭传统	民风民俗	徽三雕、哭嫁、婺源抬阁

（二）乡愁元素的增补

本章通过访谈方式进行乡愁元素的增补。初始访谈时间是2021年12月2日至7日，受访者总共10名。访谈的目的是分别从篁岭地方特质、篁岭历史、篁岭活动、篁岭传统4个方面了解受访者对篁岭的乡愁感知。在整个访谈过程中做到多听少说，尽量避免问题以是非题的形式出现；访问者提问应简单清晰，若受访者不明晰问题的意图时，可通过举例的方式让其理解；保持访问气氛轻松，当受访者停顿时，尽量提醒其去回忆。

增补乡愁元素进行了两次，第一次增补是在访问5个人后，第二次增补是访谈结束后整理得出，两次增补的乡愁元素分别如表4-3、表4-4所示。

表 4-3　第一次新增乡愁元素

编号	乡愁因子		乡愁元素	
1	地	篁岭地方特质	山居村落等	梯田错落、徽派古建筑、白墙黑瓦
2	时	篁岭历史	历史事件	曹氏南迁定居、篁岭景区开发、“最美乡村”
			重要人物	建村始祖曹文侃、父子宰相曹文植和曹振墉
3	人	篁岭活动	人的活动	篁岭晒秋、百猪祭“犭回”神
			人的感官	青石板巷道、白墙黑瓦、梯田花海、红枫遍地、鸟鸣声、溪流声、鸡犬声、皇菊茶香、青草香、饭菜香、下雨路滑、石阶青苔
4	事	篁岭传统	民风民俗	徽三雕、哭嫁、婺源抬阁、傩舞、天街长龙宴

表4-4 第二次新增乡愁元素

编号	乡愁因子		乡愁元素	
1	地	篁岭地方特质	山居错落等	梯田错落、徽派古建筑、白墙黑瓦
2	时	篁岭历史	历史事件	曹氏南迁定居、篁岭景区开发、“最美乡村”
			重要人物	建村始祖曹文侃、父子宰相曹文植和曹振墉
3	人	篁岭活动	人的活动	“篁岭晒秋”、“百猪祭犭回神”
			人的感官	青石板巷道、白墙黑瓦、梯田花海、红枫遍地、青葱古树、阶梯状村落、鸟鸣声、溪流声、鸡犬声、皇菊茶香、青草香、饭菜香、下雨路滑、石阶青苔、墙壁脱落斑驳、蒸汽糕的软糯、炉饼的咸香、清明果
4	事	篁岭传统	民风民俗	徽三雕、哭嫁、婺源抬阁、傩舞、“天街长龙宴”

四、问卷调查与访谈

（一）问卷发放与回收

本章确定好正式的乡愁元素后，制作调查问卷，开展调研活动，获取研究数据。调查问卷的测量样本是曾经或者现在前往婺源篁岭旅游的游客，调研活动范围以笔者所处的社交圈和篁岭当地的旅游区域为主。.

调查问卷主要包括三大部分：第一部分是对问卷的简单介绍，简洁明了告知游客此次调查的主要目的和隐私保护原则；第二部分是游客的个人信息，主要内容包括性别、年龄阶段、学历、月收入状况、职业性质、地理位置和前往篁岭旅游的动机、是否有过乡村生活经历等；第三部分是问卷的主体部分，从乡愁因子的4个方面入手，基于采集的乡愁元素，采用多选题加填空题的题型，便于得出认同较高的乡愁元素数据。笔者认为乡村活动、乡村历史、乡村传统是影响乡愁情感的主要元素，人的感官是辅助感知过程的基数。

调研数据的来源主要有两种方式：一是实地调研，前往篁岭旅游目的地现场随机发放调查问卷，回收问卷50份，其中有效问卷35份；二是网络调研，通过问卷星发放问卷，最终回收问卷209份，其中有效问卷174份。综合以上两种方式，调查问卷总共回收259份，其中有效问卷209份，有效回收率是80.7%。本次调研回收到的有效调查问卷数量为209份，调查问卷的测量指标为22项，前者是后者的9.5倍(209/22)，达到5倍以上的要求。

（二）问卷结果统计分析

1. 游客基本情况及旅游动机

游客基本情况如表4-5所示。

表4-5 游客基本情况

属性	分类	数量/人	百分比/(%)	属性	分类	数量/人	百分比/(%)
性别	男	112	53.59	职业	企事业单位人员	100	47.85
	女	97	46.41				
年龄	17岁及以下	12	5.74		学生	16	7.66
	18～30岁	63	30.14		自由职业者	44	21.05
	31～45岁	61	29.19		退休人员	3	1.44
	46～60岁	43	20.57		农民	17	8.13
	61岁及以上	30	14.35		国家公务员	29	13.88
学历	初中及以下	13	6.22	月收入	3000元及以内	45	21.53
	高中/中专	31	14.83		3001～5000元	65	31.10
	大专	57	27.27		5001～8000元	41	19.62
	本科	76	36.36		8001～12000元	38	18.18
	硕士及以上	32	15.31		12000元及以上	20	9.57

调查样本中，男性样本量占53.59%，女性样本量占46.41%，两者相差较少，说明随着经济的发展，男性和女性都开始积极体验丰富多彩的世界，旅游行为不断增加；从年龄上来看，主要集中在18～30岁（30.14%），其次是31～45岁（29.19%）和46～60岁（20.57%），说明乡村旅游开始向年轻化的趋势发展，不再是中老年人的专利，同时也说明乡村旅游对年轻人吸引力逐步加强；学历主要集中在本科（36.36%），其次是大专（27.27%），高中/中专占14.83%，初中及以下学历仅占6.22%，这说明篁岭游客的学历普遍较高，一方面是由于国家教育水平不断提高，另一方面是由于篁岭特色的文化内涵对于高学历者有较强的吸引力；职业以企事业单位人员为主（47.85%），其次是自由职业者（21.05%）、国家公务员（13.88%）、农民（8.13%）、学生（7.66%）退休人员（1.44%）；月收入水平以3000～5000元为主，占31.10%，可见篁岭游客主要是中等收入人群。

游客的旅游动机会推动游客的旅游行为，本章根据研究目的把游客旅游动机划分为欣赏自然风光、体验民俗风情、休闲度假、摄影爱好、回归乡村生活、慰藉乡愁和其他（见图4-8）。统计结果显示，有77.99%的游客前往篁岭是为体验民俗风情的游客，52.63%的游客是为回归乡村生活，46.89%的游客是为慰藉乡愁，40.67%的游客是为欣赏自然风光。

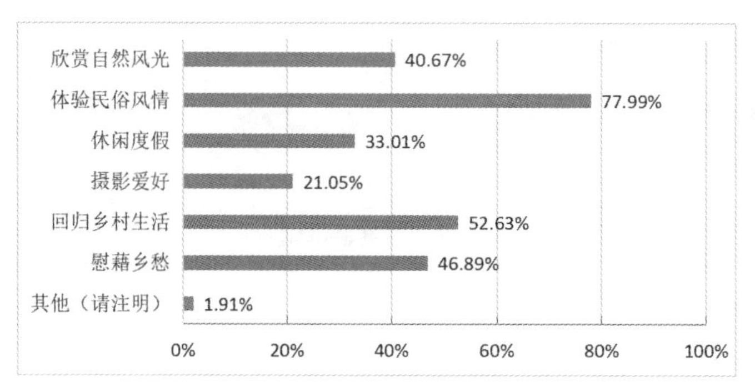

图4-8 游客的旅游动机

2."篁岭地方特质"统计分析

问题12"篁岭以下哪些情景最能引起您的乡愁情感共鸣"是关于篁岭地方特质乡愁因子的多选题。从图4-9可以看出游客对于篁岭晒秋感知深刻，尤其是晒秋特有的景观以及晒秋所使用的工具——晒匾、晒杆等，这些工具以直观的实物形式展现了篁岭的晒秋民俗。乡音是唤起乡愁最直接、最具识别性的景观之一，游客对篁岭乡音、亲水性景观、梯田景观、徽派古建筑景观感知较为强烈。由此可知，篁岭现有的景观是大多数游客寄托乡愁的主要载体类型，因此后续开发应着重于对篁岭景观节点的规划，但同时要注重保护现有的乡愁景观氛围。

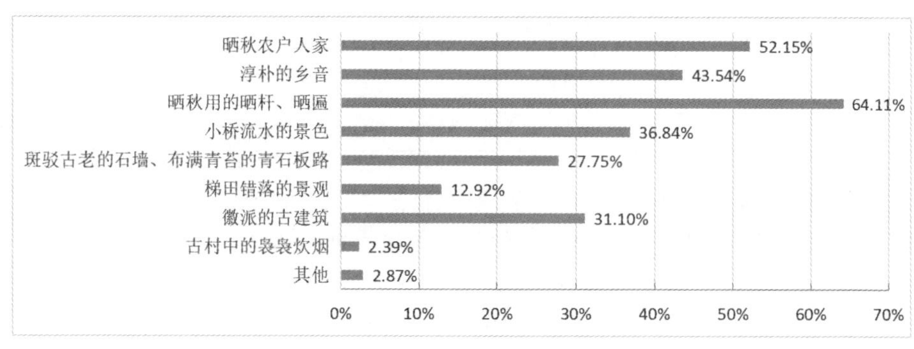

图4-9 问题12数据分析

3."篁岭历史"统计分析

问题1、问题2是关于篁岭历史乡愁因子的多选题。问题1"您觉得篁岭下列哪些重大历史事件能唤起人的乡愁"，问题2"您知道的与篁岭有关的下列哪些重要人物能唤起人的乡愁"。从图4-10和图4-11可以看出基于游客的感知视角，游客对篁岭村成为景区之后的事件和人物感知更为深刻。

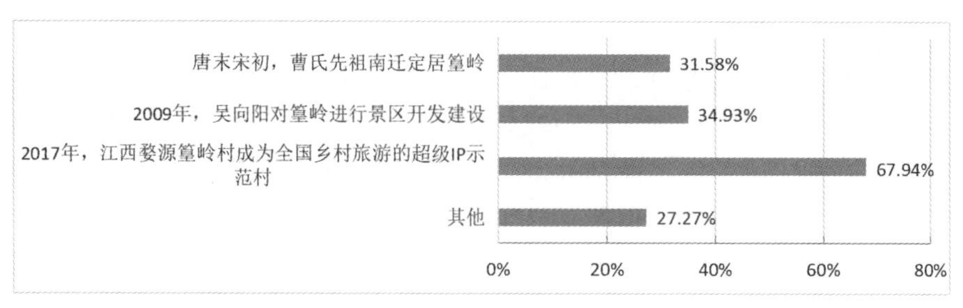

图4-10 问题1数据分析

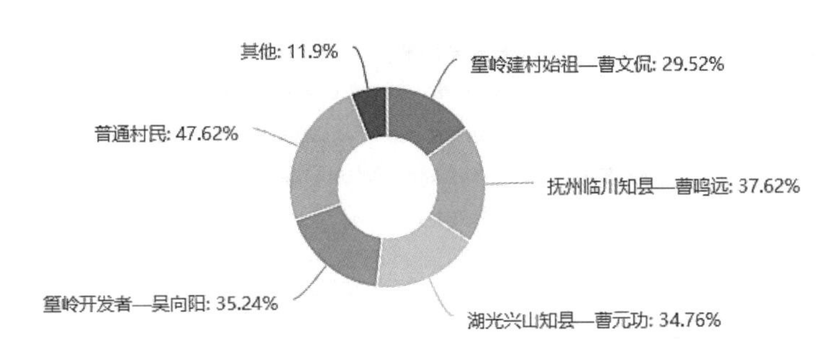

图 4-11　问题 2 数据分析

4. 篁岭“人的活动”统计分析

问题5“篁岭下列哪些活动能激发您的乡愁情感”是关于篁岭活动乡愁因子的多选题。从图4-12可以看出游客对篁岭民俗活动感知强烈,其中最具代表性的为“篁岭晒秋节”,此项也同时符合了篁岭目前打造的最美晒秋古村特色。

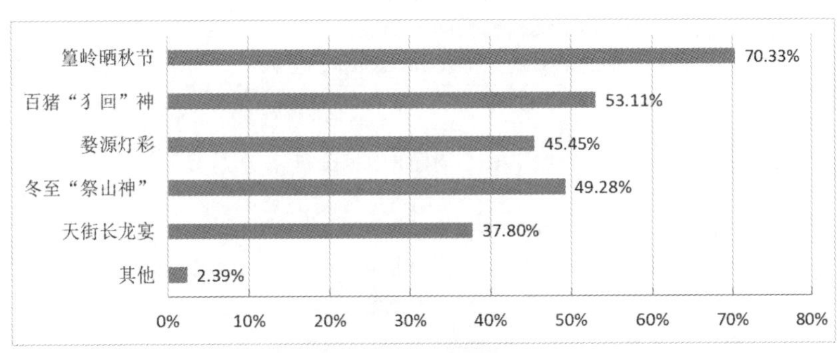

图 4-12　问题 5 数据分析

5. 篁岭“人的感官”统计分析

问题6“篁岭令您乡愁印象深刻的视觉词语”、问题7“篁岭令您乡愁印象深刻的听觉词语”、问题8“篁岭令您乡愁印象深刻的嗅觉词语”、问题9“篁岭令您乡愁印象深刻的味觉词语”、问题10“篁岭令您乡愁印象深刻的触觉词语”5道题是关于篁岭“人的感官”乡愁因子的多选题。

不同的游客通过感官所感知到的乡愁元素具有差异。通过对不同乡愁元素的总结,从图4-13至图4-17可以看出游客对徽派建筑、溪流声、梯田花香、蒸汽糕的软糯、石阶青苔等乡愁景观感知较为强烈。

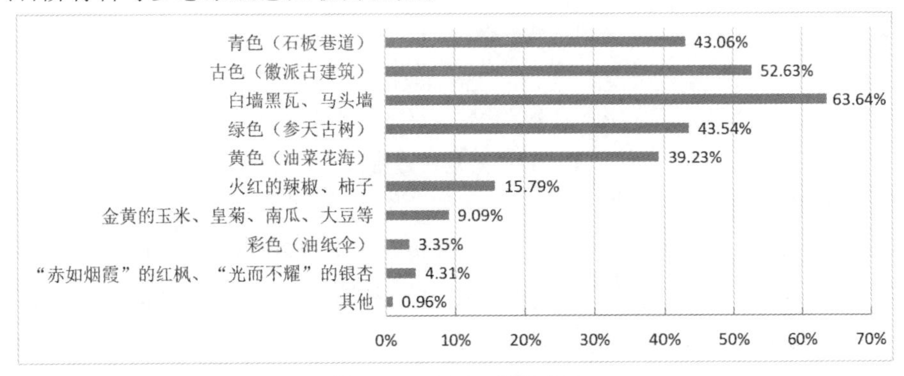

图 4-13　问题 6 数据分析

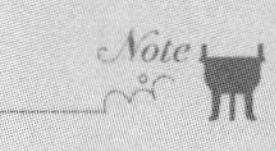

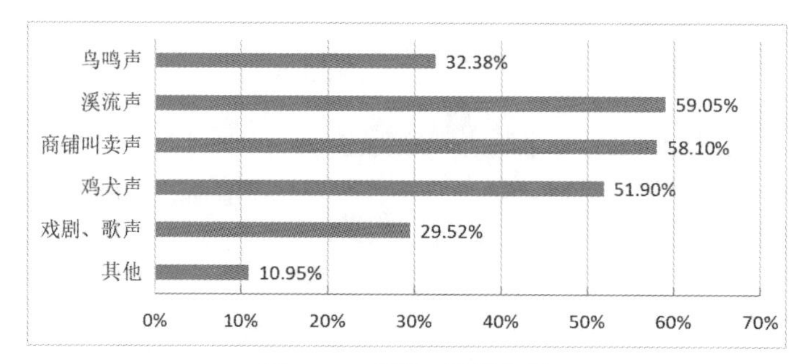

图4-14　问题7数据分析

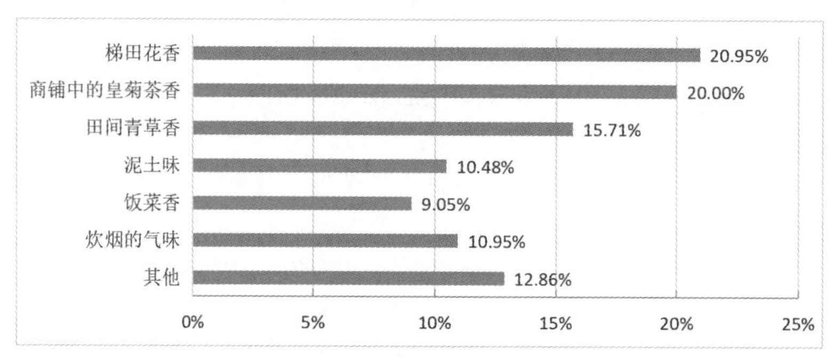

图4-15　问题8数据分析

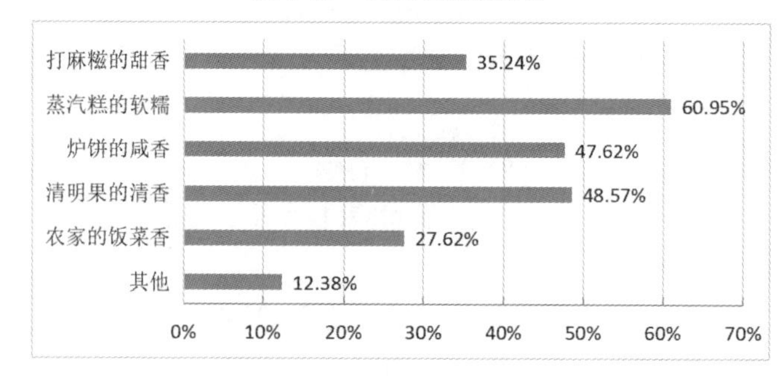

图4-16　问题9数据分析

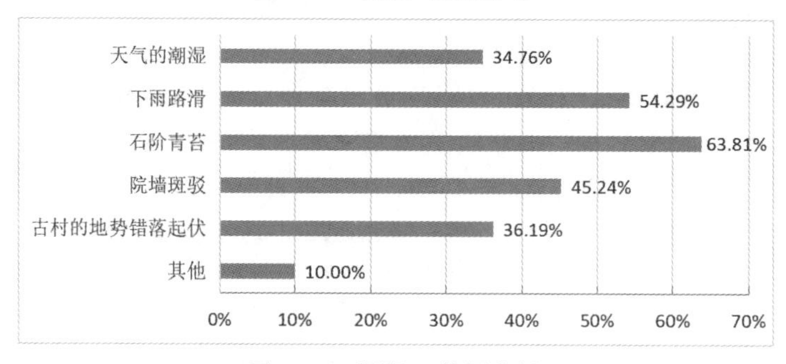

图4-17　问题10数据分析

6.“篁岭传统”统计分析

问题4“篁岭下列哪些乡村传统能强化您的乡愁感知”是关于篁岭传统乡愁因子的多选题。从图4-18可以看出篁岭乡村传统主要集中在建筑、婚俗、民间工艺制作等方面，游客对附着在建筑物之上的徽三雕工艺感知最为深刻，其次是春节习俗、婚俗传统等。

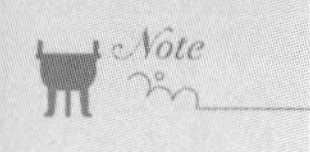

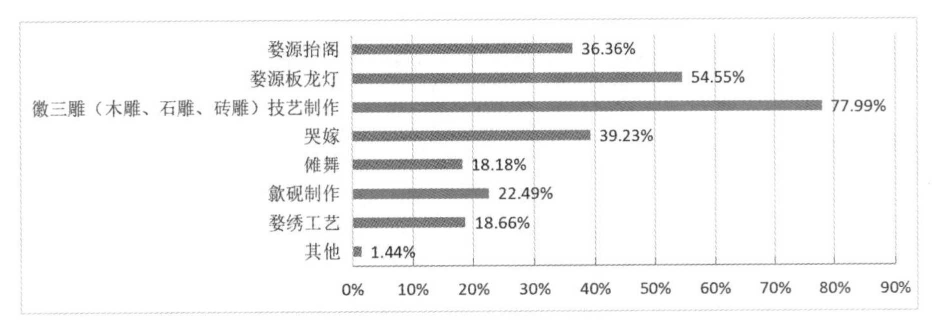

图4-18　问题4数据分析

（三）深度访谈

基于定量分析的基础，本章采用深度访谈的方法进行资料收集。本次受访总人数为20人，其中14人采用面对面访谈的形式，6人采用网上连线访谈的方式，每位受访者平均访谈时间约为30分钟。笔者在选取访谈对象时充分考虑了年龄、性别、学历、职业等人口学细分指标。

本次访谈内容主要包括两部分：第一部分是受访者的人口统计学特征，包括年龄、性别、职业、月平均收入等；第二部分是关于乡愁的开放式问题。首先将“是否有过乡村生活经历？”“您平时会关注哪些乡村旅游活动？哪些令您印象深刻？”等此类关怀式的问题作为访谈的切入点，为主题访谈做铺垫，并引起受访者的兴趣，无形地拉近了访问者与受访者之间的心理距离。其次，从景观特色、历史人文、风俗习惯、感官体验等角度了解受访者对篁岭的感知。

为了将访谈内容所有的细节真实完整地记录下来，经受访者同意，调研人员对访谈内容进行录音记录，以便后期有针对性地对文本数据词频进行分析。随后，笔者将所有录音尽数转换为文本，后运用内容分析、数量统计等方法对所获得访谈文本进行分析。

20位受访者中男性13人，女性7人；30岁以下7人，30～50岁11人，50岁以上2人；研究生及以上学历6人，本科/专科学历12人，高中及以下学历2人；职业多元，包括教师、在校学生、企业员工、退休人员等。

1. 受访者访谈分析

在20位受访者中，笔者挑选了5位较为有代表性的受访者进行具体的访谈分析。

(1)受访者1(35岁，男)。

受访者1来自江西省，就职于某国企地产公司，研究生学历，童年时期曾有过乡村生活经历，此次出游篁岭主要是感受篁岭独特的乡村景色。受访者1的乡愁感知地图见图4-19，其有效事件点见表4-6。

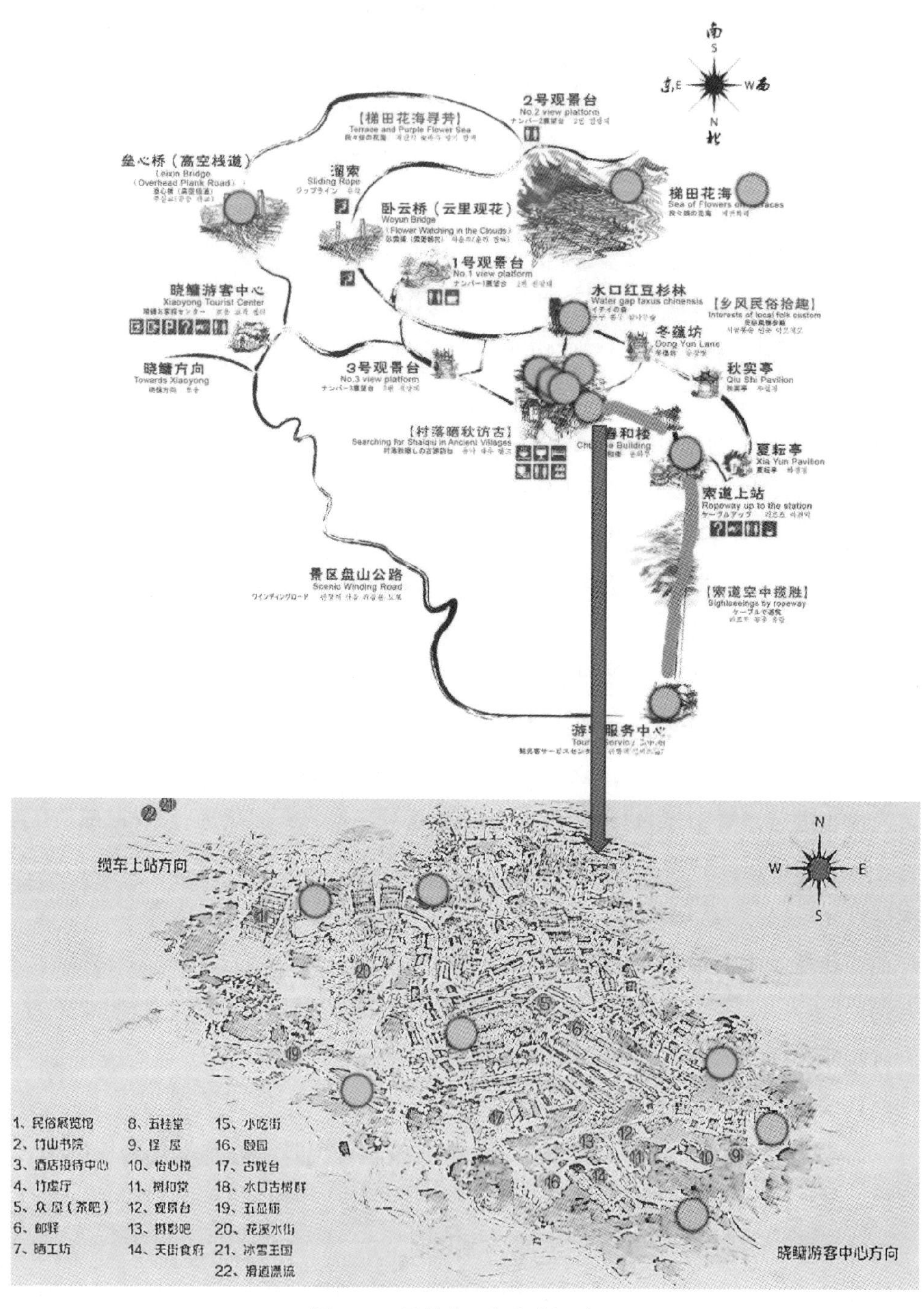

图4-19 受访者1乡愁感知地图

资料来源：作者自绘

表 4-6　受访者 1 的有效事件点

序号	有效事件点	序号	有效事件点
1	游客中心	7	垒心桥
2	索道站	8	梯田花海
3	天街牌坊	9	晒工坊
4	晒秋美宿	10	竹山书院
5	水口古树群	11	天街
6	五桂堂	12	恒宇纸伞

(2)受访者 2(66 岁,女)。

受访者 2 是来自福建的一位退休老人,初中学历,长期生活在乡村,此次来篁岭是一家四口休闲度假游玩。受访者 2 的有效事件点见表 4-7,其乡愁感知地图见图 4-20。

表 4-7　受访者 2 的有效事件点

序号	有效事件点	序号	有效事件点
1	游客中心	8	晒工坊
2	索道站	9	水口古树群
3	天街牌坊	10	梯田花海
4	五桂堂	11	花溪水街
5	天街	12	竹山书院
6	民俗展览馆		
7	天街食府		

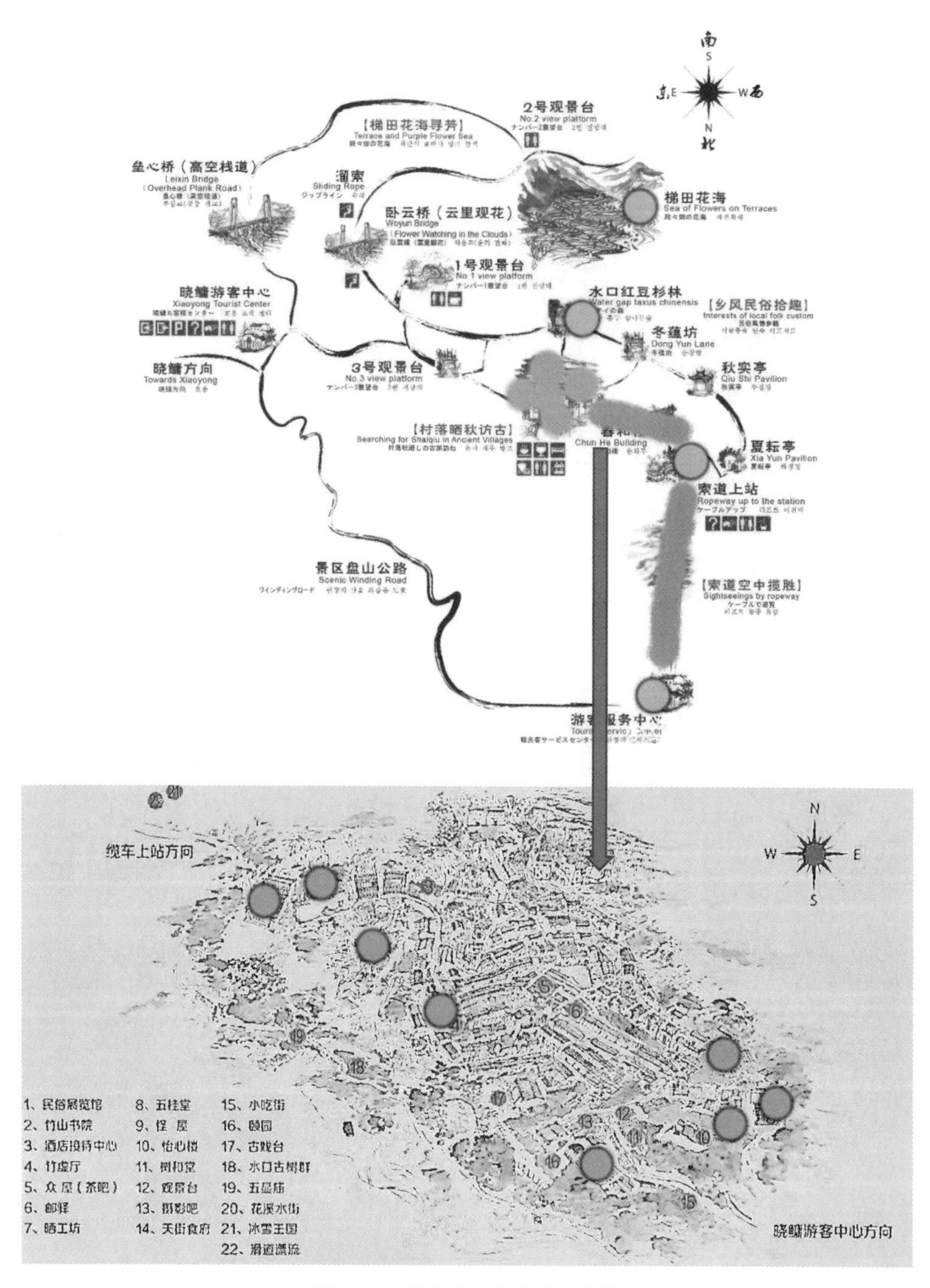

图 4-20　受访者 2 乡愁感知地图

资料来源:作者自绘

(3)受访者 3(36 岁,男)。

受访者 3 是来自广东省的游客,其与女朋友一起来婺源旅游。篁岭作为其中一

站，其独特的晒秋景观尤为吸引受访者3。受访者3的乡愁感知地图见图4-21，其有效事件点见表4-8。

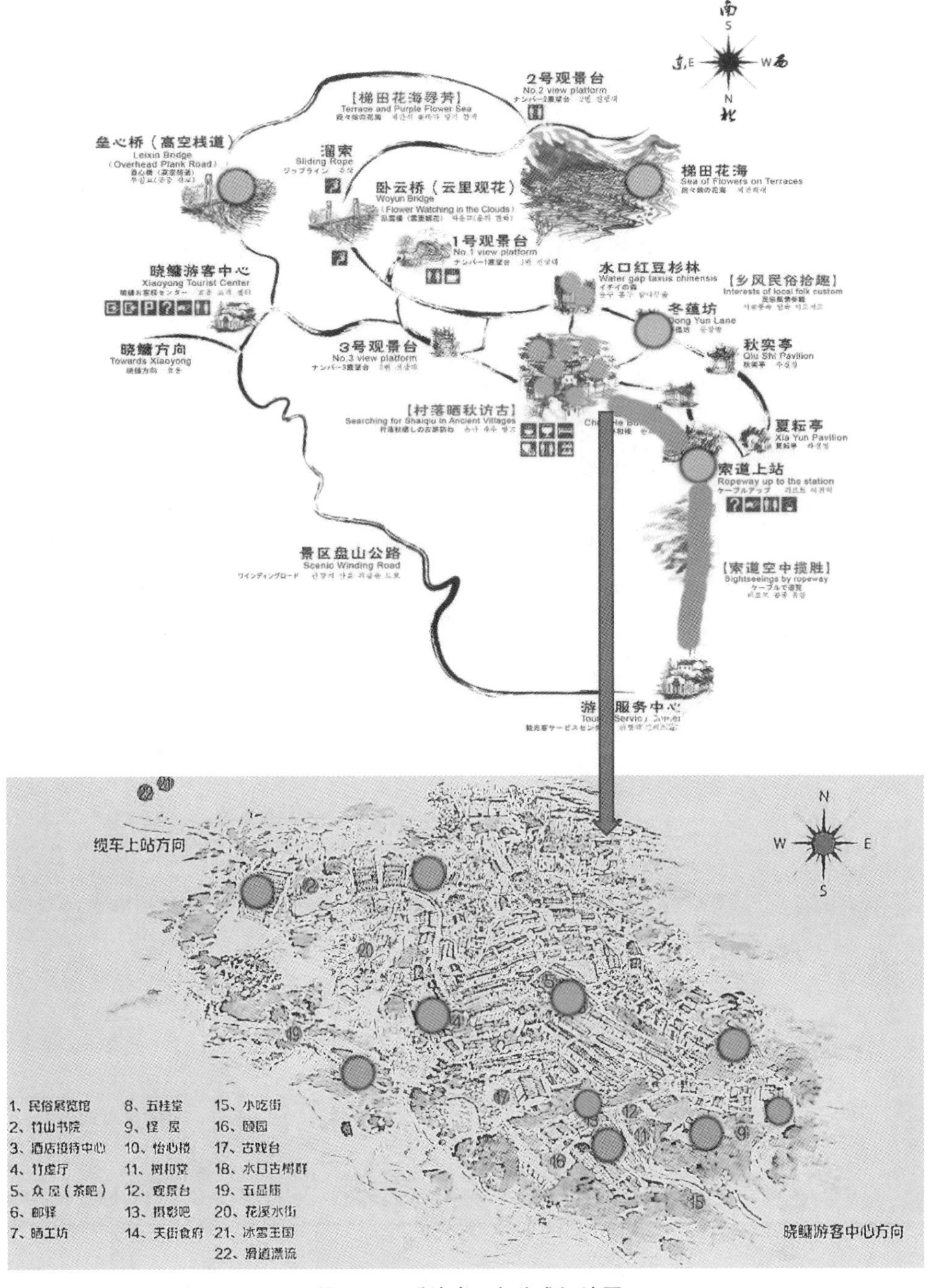

图4-21　受访者3乡愁感知地图

资料来源：作者自绘

表 4-8　受访者 3 的有效事件点

序号	有效事件点	序号	有效事件点
1	索道	8	梯田花海
2	怡心楼	9	晒工坊
3	天街牌坊	10	摄影吧
4	晒秋美宿	11	天街食府
5	水口古树群	12	冬蕴坊
6	民俗展览馆	13	恒宇纸伞
7	垒心桥	14	五桂堂

(4)受访者4(31岁,女)。

受访者4来自浙江省,是一名律师,童年时期曾在乡村的外婆家生活过,对乡村生活十分怀念。受访者4的有效事件点见表4-9,其乡愁感知地图见图4-22。

表 4-9　受访者 4 的有效事件点

序号	有效事件点	序号	有效事件点
1	索道	8	梯田花海
2	怡心楼	9	晒工坊
3	天街牌坊	10	竹山书院
4	晒秋美宿	11	天街食府
5	水口古树群	12	冬蕴坊
6	民俗展览馆	13	翻饼哥店铺
7	垒心桥	14	五桂堂

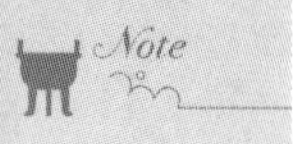

篁岭景区全景图

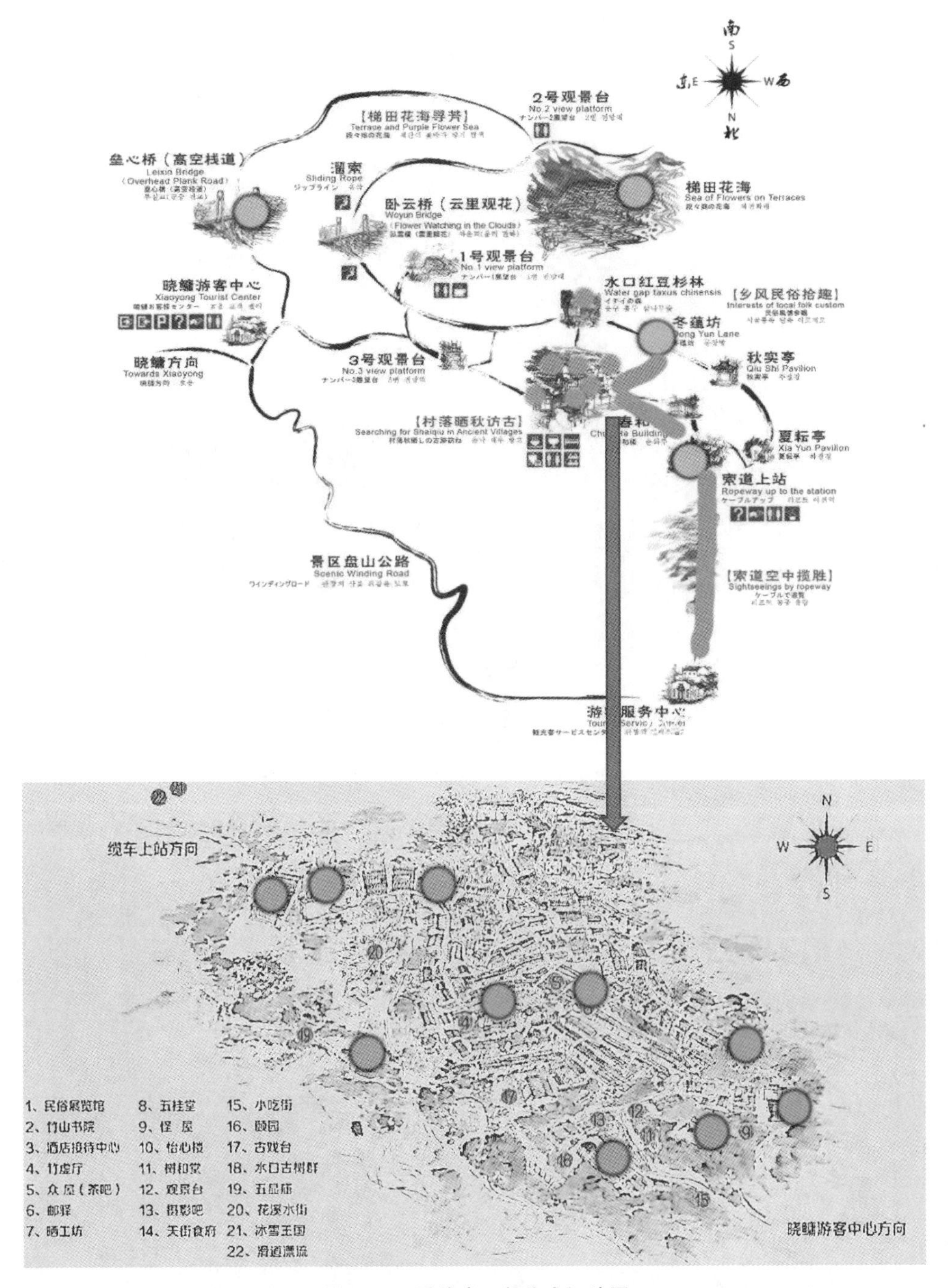

图 4-22　受访者 4 乡愁感知地图

资料来源：作者自绘

(5)受访者5(25岁，女)。

受访者5是一名在校研究生，此次来篁岭主要是休闲旅游，同时感受篁岭独有的晒秋景观和梯田错落的地质景观。受访者5的乡愁感知地图见图4-23,其有效事件点见表4-10。

篁岭景区全景图

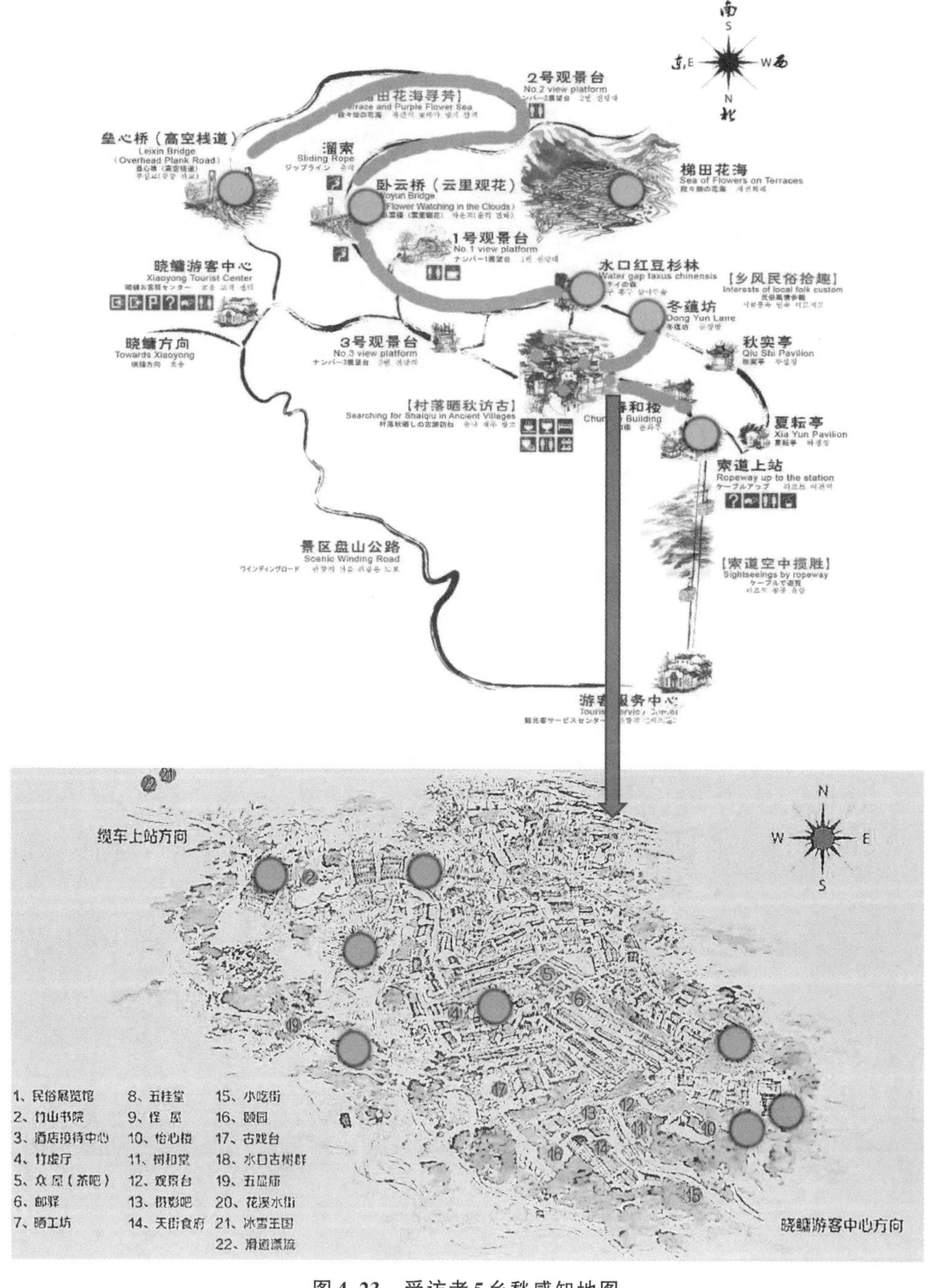

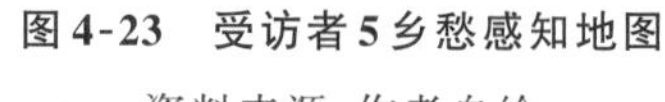
图4-23　受访者5乡愁感知地图

资料来源:作者自绘

表 4-10　受访者 5 的有效事件点

序号	有效事件点	序号	有效事件点
1	梯田花海	8	冬蕴坊
2	怪屋(悬浮屋)	9	水口古树群
3	天街	10	五桂堂
4	晒秋美宿	11	索道站
5	晒工坊	12	翻饼哥店铺
6	民俗展览馆	13	花溪水街
7	垒心桥	14	卧云桥(溜索)

2. 篁岭乡愁景观分布分析

此次受访者 20 人，总共采集 222 个有效事件点。笔者将受访内容按照乡愁因子进行区分，通过汇总整理对应有效事件点，得到篁岭乡愁景观感知分布如表 4-11 所示。

表 4-11　篁岭乡愁景观感知分布表

有效事件点	总计/个
晒工坊	22
梯田花海	17
水口古树群	16
天街	15
索道站	15
花溪水街	14
五桂堂	14
垒心桥	11
民俗展览馆	11
晒秋美宿	11
怪屋(悬浮屋)	10
卧云桥(溜索)	8
天街食府	7

续表

有效事件点	总计/个
怡心楼	7
游客中心	7
竹山书院	7
摄影吧	5
天街牌坊	4
冬蕴坊	4
树和堂	3
索道	3
翻饼哥店铺	3
古戏台	2
恒宇伞店	2
众屋酒吧	2
冰雪王国	1
滑道漂流	1
总计	222

通过对20位受访者的感知地图地点的采集，笔者整理得到个人乡愁感知地图，并将个人乡愁感知地图整合到同一篁岭地图中，得出篁岭乡愁感知地图，如图4-24所示。

由表4-11和图4-24可知篁岭乡愁感知地图有如下特点。

(1) 受游客主体特性影响因素较大。游客乡愁感知地图反映出游客对篁岭乡愁景观的感知，也反映了游客们的活动范围。通过访谈和问卷调查，可以看出篁岭乡愁感知地图受游客主体特性影响较大，这些特性主要与游客是否有过乡村生活经历有关。大部分游客印象深刻的乡愁景观与其过去的乡村生活经历或体验有关，从而能够唤起其乡愁回忆。

(2) 地方性特征明显。由于篁岭“地无三尺平”的山居村落地质特征，篁岭的乡愁元素景观也较为集中。白墙黑瓦的徽派建筑及地势错落的梯田古村落作为景观载体，晒秋作为地方民俗特色，油菜花海作为自然景观符号，聚集晒秋美宿、天街食府、溜索等各种乡愁元素，充分体现出篁岭乡村旅游地的地方性特征。

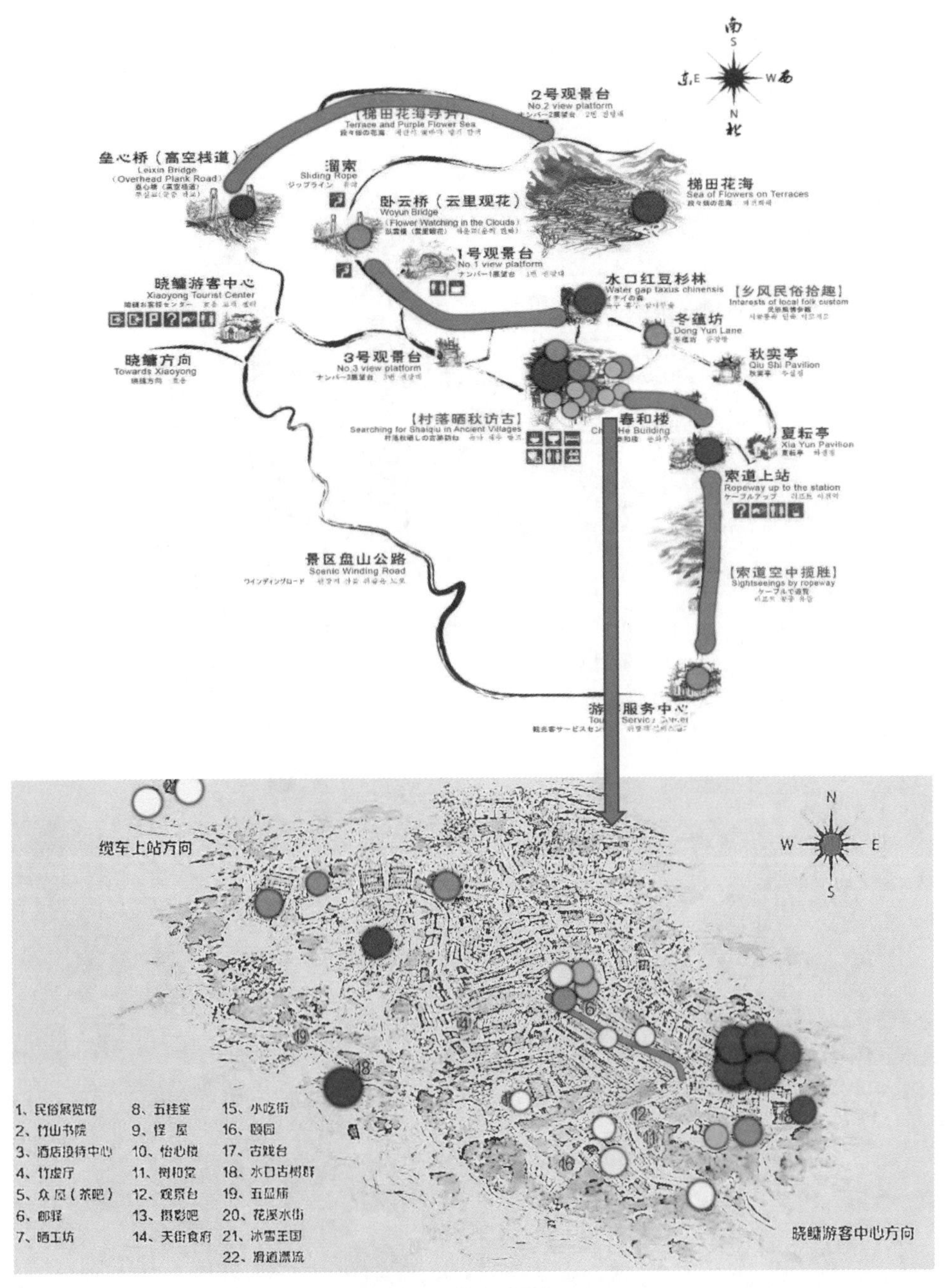

图4-24　篁岭乡愁感知地图

资料来源:作者自绘

五、乡愁景观感知结构

从空间结构来说,篁岭乡愁感知地图的结构主要以点、线、面状为特点。相应地，笔者将游客感知的乡愁景观划分为节点景观、路径景观、区域景观三种（见图4-25）。

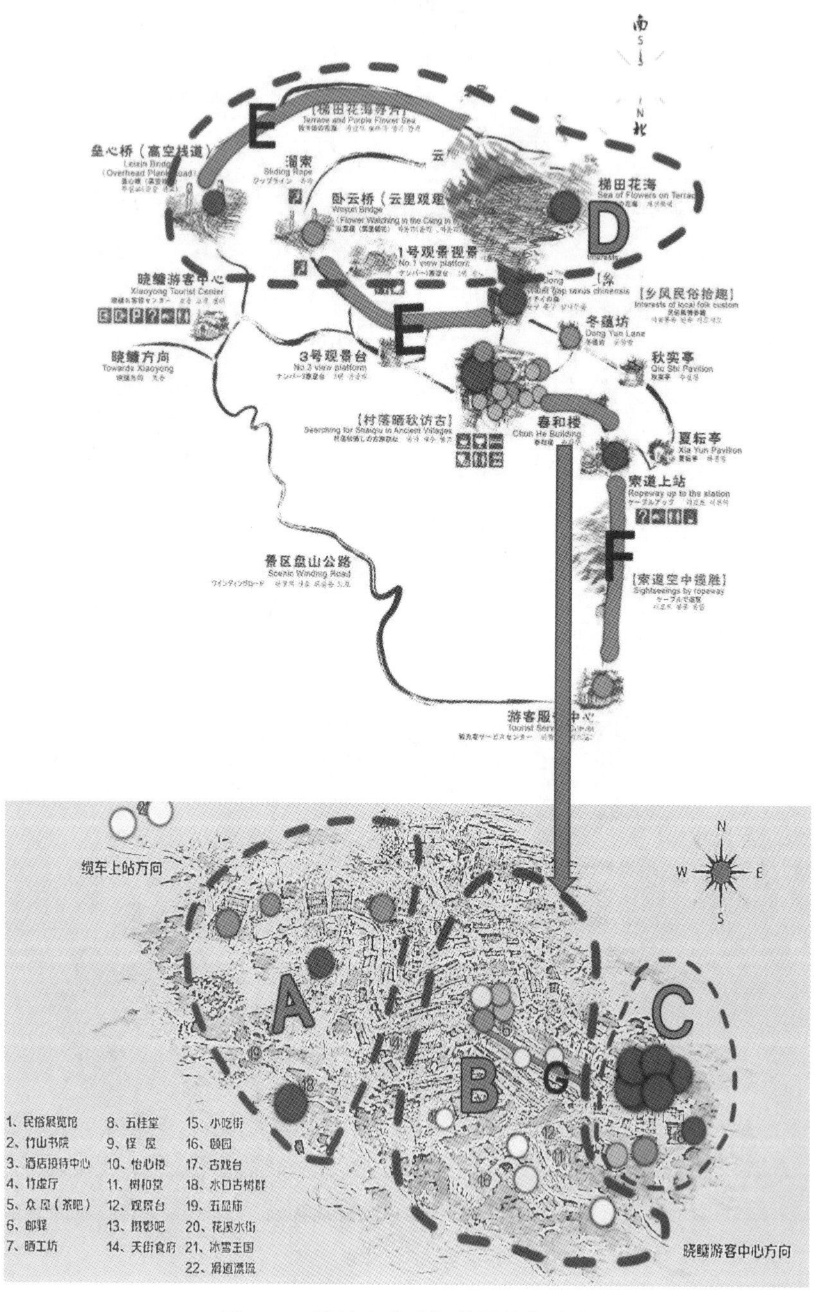

图4-25　篁岭乡愁感知地图结构分布

资料来源：作者自绘

（一）节点景观

游客在寄托乡愁时通常会寄托于“物”，即点要素。总体来说，从乡愁感知有效事件点角度分析，篁岭乡愁感知共有222个有效事件点。其中，游客对节点景观晒工坊（有效事件点22个）、梯田花海（有效事件点17个）、水口古树群（有效事件点16个）的乡愁感知最为强烈，三者都是篁岭极具特色的景观。

（1）晒工坊：“篁岭晒秋”是“最美中国符号”，篁岭村中各家趁着晴好天气将农作物在屋顶一一铺晒开来，红的辣椒、黄的南瓜和玉米、绿的豆角……为鳞次栉比的徽派古建筑穿上五彩的新衣，呈现一幅丰收的美好画卷。

（2）梯田花海：篁岭的万亩梯田油菜花随山就势，重叠有序，蔚为壮观，被誉为“全球十大最美梯田”。

（3）水口古树群：水口是村落的花园，是风水的代表。篁岭古民居围绕水口呈现扇形排布，阶梯错落，古树郁郁葱葱，其中以千年红豆杉而闻名。

（二）路径景观

路径感知更注重景点的连续性感受，线形要素所展现的场所空间尺度易于寄托乡愁情感。街巷、桥梁和道路的空间格局容易唤起游客的乡愁情思，这类要素均为线形要素，是能够充分体现乡愁景观的重要符号和元素。篁岭乡愁感知较为集中的路径有以下三种。

（1）路径E：3号观景台—垒心桥—2号观景台—卧云桥。

（2）路径F：游客中心—索道站。

（3）路径G：天街（天街牌坊—小吃街）。

（三）区域景观

面形要素的尺度范围较大，在区域景观中强调的是以节点为标志物沿周边空间发散，具有点状要素和线形要素相结合的特点，通过分析，篁岭具有4个乡愁感知较为集中的区域。

（1）区域A（有效事件点59个）：以民俗展览馆为中心，涵盖竹山书院、晒秋美宿、水口古树群。

（2）区域B（有效事件点37个）：以天街为中心的沿街景观。

（3）区域C（有效事件点53个）：晒秋坊—五桂堂—怪屋—怡心楼—树和堂。

（4）区域D（有效事件点36个）：梯田花海—卧云桥—垒心桥。

由此可知，在节点空间层面上，晒工坊、梯田花海、水口古树群乡愁感知元素较高；在路径空间层面上，路径E、路径F、路径G乡愁感知元素较高；在区域空间层面上，区域A与区域C为乡愁感知元素值较高的区域。上述乡愁感知结构分布为篁岭将来的规划设计提供指导意义。

六、乡愁景观感知频度

通过统计分析可知，相较于区域D，游客对区域A、区域B、区域C的乡愁感知

频度较高。总体看来，游客对篁岭地方特质、篁岭活动的乡愁感知频度高，对篁岭历史、篁岭传统的乡愁感知频度一般(见表4-12)。

表4-12　乡愁感知频度

编号	乡愁因子	感知频度	乡愁元素
1	篁岭地方特质	高	阶梯式分布村庄、徽派古建筑
2	篁岭历史	一般	曹氏南迁定居、篁岭景区开发
3	篁岭活动	高	篁岭晒秋、百猪祭“犭回”神、天街长龙宴 青石板巷道、白墙黑瓦、晒秋(金色南瓜、红枫、辣椒、玉米)、鸟鸣声、鸡犬声、皇菊茶香、青草香、下雨路滑、石阶青苔、蒸汽糕的软糯、炉饼的咸香
4	篁岭传统	一般	徽三雕、婺源抬阁、水口文化

七、成因分析

通过分析得知，游客对篁岭地方特质、篁岭活动的乡愁感知频度高，令篁岭游客乡愁感知最深刻的是篁岭晒秋的民俗传统，其次是梯田花海的自然景观以及徽派建筑的地质特征。篁岭梯田叠翠，由于梯田地形特征，晾晒粮食作物成为其独特的民俗景观，被称为“梯云村落，晒秋人家”。篁岭景区经营者对原有的白墙黑瓦徽派古建筑，以及后期修复的古建筑做到了“修旧如旧”，极大地保留了徽派古建筑的原真性。然而，在非物质景观层面，游客对篁岭历史、篁岭传统的乡愁感知频度一般，如反映农耕文明的生产方式、村民生活方式、乡音乡曲等。非物质文化元素不仅依托于其诞生的一方水土，同样依托于该地的乡村生活，依托于传承特定生活方式的当地村民。村落里没有了村民，其民俗只能是一场表演，其民风只能陈列于博物馆中，欠缺真实性；篁岭虽然将原住村民“返聘”回村庄展示传统民俗，但却附上了“有偿表演”的性质，这些民俗难免脱离原来的乡土气息，制约了游客充分感知和体验原真的乡风乡俗。

第四节　基于游客感知的篁岭乡愁旅游景观营造策略

乡愁作为一种情感，具有时间属性。随着时间的推移，那些曾经让人感知深刻的事物逐渐演变为特定群体的共同情感。中国人的乡愁主要寄托于乡村景观，在发展乡村旅游过程中，通过营造乡愁景观，既能强化村民的乡愁记忆，又能满足游客的乡愁体验，从而达到让村民“留得住乡愁”、让游客“记得住乡愁”的目的。

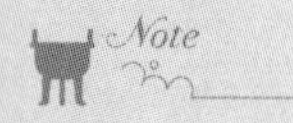

结合前述分析结果，乡愁旅游景观的营造可从物质景观和非物质景观两个层

面进行，包括建设乡愁旅游场所、注重乡愁文化传承、打造乡愁旅游吸引物等多个方面。

一、建设乡愁旅游场所

本章研究结果表明，乡愁与人的生活经历有关，有乡村生活经历的游客较易产生乡愁情感。通过建设乡愁旅游场所，可以有效激发游客对乡村生活经历的回忆，进而引发其乡愁情感。

“一方水土养育一方人民”，这种寻根文化正是乡愁所蕴含的。费孝通在《乡土中国》中写道：“乡土社会的生活是富于地方性的，是中国传统文化之根源。”基于游客感知的乡愁景观建设发展，首先要依托乡村旅游地本身。游客对篁岭乡愁景观的感知具有节点、路径、区域三种结构。这些节点、路径、区域正是篁岭需要着重建设和保护的乡愁旅游场所。在节点景观营造中，要深度挖掘其乡愁文化内涵，确定其乡愁元素并针对此进行景观营造，如添置符合其特色的老物件、修复增加复古感等。在路径景观中，要注重乡愁符号的表达，主要体现在道路铺装上，保留并恢复篁岭原本的青瓦、碎石、绿苔等具有特色的乡愁符号。在区域景观上，要注重各节点之间乡愁文化的顺畅连接，通过区域范围内各节点乡愁元素的分布组合强化对游客乡愁感知的影响。此外，篁岭具有悬挂在山上的村落、徽派古建筑、梯田花海、天街等地方性特征景观，通过对这些原生乡愁景观的营造和保护可以维系篁岭本地居民的集体记忆，重塑篁岭游客群体的记忆网络，形成主客群体与乡愁景观之间的情感联系与价值认同。与此同时，篁岭在品牌标识、旅游IP等外在表征中要突出乡愁元素，全方位地营造乡愁旅游场景，形成以农耕乡愁为吸引要素的一体化乡愁旅游目的地，并且保持篁岭本土的精神面貌，注重自然与人文的融合。

二、注重乡愁文化传承

古村落是乡土社会下反映生产生活的活态遗产，是调节人们精神生活与唤起情感记忆的家园。本章研究发现，游客对篁岭的历史、传统、生产生活方式等非物质乡愁景观感知较弱，如反映农耕文明的生产方式、村民生活方式、乡音乡曲等。因此，篁岭要着力发展非物质乡愁景观，深挖乡愁景观文化基因，大力推行非物质文化的技艺传承。

乡愁文化有两种表现形式：一种是以自然风光、乡村建筑等具象物质形态为载体；另一种是以民风民俗、历史人文等非物质文化为载体，具有抽象、虚拟的特点。乡愁的可见、可听、可触、可感、可品，体现出乡愁的物质文化特征。

（一）非遗技艺活态传承乡愁

篁岭拥有徽剧、徽三雕、傩舞、歙砚制作技艺及绿茶制作技艺等多项国家级非物质文化遗产项目，具有代表性的各级非遗项目的传承人几十位。通过传承人的分享、交流，既能展示技艺的基本技法，又能融合高超的民间智慧，同时让更多人了解到这些非遗技艺。通过非遗技艺的活态传承，唤起人们心中的乡愁，能够更好地满

足当代人的乡愁情感。

（二）利用新媒体推广乡愁品牌

互联网时代背景下，新媒体已经渗入日常生活的各个角落。相较于传统媒体，新媒体具有交互性、便利性、共享性等特点。利用新媒体资源，通过塑造篁岭乡愁品牌，以文字、声音、影片等形式从自然风光、历史人文等方面多维度展现篁岭的乡愁景观，使人们记住篁岭的梯田风光、徽派建筑、晒秋民俗、非遗技艺等。借助于新媒体呈现的乡愁文化不再是抽象的、遥远的，而是活力鲜明的，能带动人的乡愁情感，并相互传播、相互影响。

村民作为乡村的活动主体，在整个篁岭乡愁文化传承的过程中具有重要作用，通过村民参与各种活动，不但可以增进乡村集体的乡愁文化氛围，也有利于增强游客对篁岭古村的认同感和归属感。

三、打造乡愁旅游吸引物

乡村旅游本身是一种体验，应当以游客的需求和体验为基础，有针对性地打造乡愁旅游吸引物，这不仅有利于强化游客的重游意愿，也是做强乡愁旅游品牌、掌握差异性竞争优势的关键。

篁岭独特的地质特征和悠久的民俗文化是其最大魅力，基于此，尊重和保护篁岭旅游吸引物的原真性就显得十分重要。针对篁岭乡愁旅游"沉浸式"体验的打造，要在过去特色景观的浅层次打造基础上，全面盘活和深入挖掘篁岭乡愁旅游吸引物景观。通过对篁岭不同区域、不同类型乡愁景观的划分，打造乡愁旅游吸引物体系。通过加大开发力度，增加"沉浸式"景观设计，将乡愁景观与科技智能融合，营造出人景互动的乡愁景观吸引物。针对游客渴望成为参与者的心理，可以通过深度"浸入"，实现游客体验层级依感官、认知、情感等梯度逐级提升，以"深"游促"慢"游，延长游客的停留时间，从而发挥旅游的乘数效应。篁岭可重点打造晒秋体验馆和举办民俗文化节。

（一）打造晒秋体验馆

本章研究结果表明，令游客乡愁感知最为深刻的是篁岭晒秋的民俗传统。篁岭的晒秋习俗是闻名全国的乡村旅游名片，同时也是篁岭独特的地势结构孕育出的特色乡村习俗。篁岭乡愁旅游吸引物建设需要提取乡村传统文化的精髓，重现与农耕文化相关的传统习俗、民间故事。通过建设农耕体验项目，展示活化的农业劳作史，让游客亲自体验晒秋劳作，体验"朝晒暮收"、晒台"话桑麻"的农俗乐趣；结合运用VR技术，用通俗的语言讲述篁岭乡愁故事，使游客能够通过模拟历史场景亲身参与到篁岭农业生产活动中，深化其乡愁旅游记忆与体验，从而进一步突出篁岭乡愁旅游特色文化品牌。

（二）举办民俗文化节

节日、仪式、庆典等传统习俗是乡村文化以及乡村传统中最稳定的因素，直达

大众深层次的内心世界，更容易获得大众的乡愁情感共鸣。

篁岭民俗文化节应以民俗节庆、仪式等作为游客乡愁情感的载体，根据中国传统节日、二十四节气等习俗，将民俗文化通过贴合游客感知的形式展现出来。游客通过融入篁岭日常生活、参与民俗节庆活动，能够在不破坏篁岭的历史痕迹和肌理前提下，体验到最真实、最原生态的篁岭乡村文化。如何在短时间内让游客充分体会到篁岭原生的民俗文化，是篁岭乡愁旅游发展的关键。这就需要打造一个或数个集中体现民俗文化的旅游项目，在形式上需要围绕乡愁这个鲜明的活动主题，营造节日氛围、刻画民俗元素，还原具有当地特色的节庆仪式活动；在内容上要注意贴近乡村生活，突出"体验感"，融入沉浸互动，挖掘和发扬传统文化独特的寓意，注重民俗活动的多样性和文化内涵的丰富性，突出"共鸣感"，形成文化认同。

在以民俗展览馆为中心，包括竹山书院、晒秋美宿、水口古树群在内的区域景观上，着重营造篁岭历史、文化特色，让游客了解篁岭的地质特征、水口文化，通过举办丰富多彩的民俗活动，激发游客内心的情感共鸣。

在天街牌坊—小吃街的路径景观上，通过滚铁环、抽陀螺等方式让游客获得妙趣横生的童趣体验；让游客品尝麻糍、炉饼、蒸汽糕、清明果等民俗小吃，以及天街食府的坊间私藏民俗味道。勤劳的人们与朴素的食物，最能够让游客回忆起曾经的味道，唤起心中的乡愁。

本章小结

本章在国内外相关研究现状分析的基础上，以婺源篁岭乡村旅游地为案例，借鉴乡愁理论，采用定量和定性相结合的研究方法，探讨游客对篁岭乡愁旅游景观的感知。在此基础上，有针对性地提出了篁岭乡村旅游地的乡愁景观营造策略。主要结论如下：

(1) 游客的乡愁景观感知受到其乡村生活经历的影响，大部分游客印象深刻的乡愁景观与其过去的乡村生活经历或体验有关，进而唤起其乡愁记忆。

(2) 游客对篁岭乡愁景观的感知具有节点、路径、区域三种结构。其中，晒工坊(有效事件点22个)、梯田花海(有效事件点17个)、水口古树群(有效事件点16个)是游客乡愁感知最为强烈的节点景观；游客中心—索道站、天街(天街牌坊—小吃街)、3号观景台—垒心桥—2号观景台—卧云桥则是三条游客感知较为集中的路径型乡愁景观；以民俗展览馆为中心辐射竹山书院、晒秋美宿及水口古树群的区域，以天街为中心的沿街区域，晒秋坊—五桂堂—怪屋—怡心楼—树和堂连片集中区域以及梯田花海—卧云桥—垒心桥东西向带状区域是四个游客感知比较强烈的区域型乡愁景观。

(3) 总体上看，游客对婺源篁岭乡愁景观感知最深刻的是晒秋民俗，其次

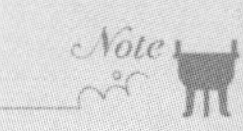

是梯田花海的自然景观以及徽派建筑景观，游客对篁岭的历史事件和重要人物的感知一般。

(4) 建设乡愁旅游场所、注重乡愁文化传承、打造乡愁旅游吸引物是可采取的乡村旅游地乡愁景观营造策略。

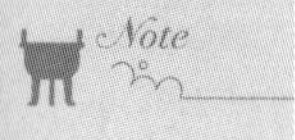

第五章

乡村旅游地景观改造

学习目标

1. 了解国内外乡村旅游与乡愁文化发展相关研究。
2. 了解基于乡愁文化元素挖掘的乡村旅游地景观改造策略。

第一节　基于乡愁文化元素挖掘的乡村旅游地景观改造

一、研究背景

近年来，随着旅游业的不断发展壮大，有限的城市旅游资源难以继续满足庞大的旅游市场，旅游需求与供给的不对称现象促进了乡村旅游的快速发展，使其由最初单一的农家乐形式发展到休闲体验、度假康养等复合形式。发展乡村旅游不仅有助于增加乡村财政收入，创造就业机会，而且能够帮助改善乡村生态环境，是实施乡村振兴的有效路径，同时也是“美丽乡村”建设的重要模式。2015年中央一号文件提出要积极挖掘乡村的生态休闲、旅游观光价值，初步肯定了以旅游促进乡村发展的路径。2016年中央一号文件对发展乡村旅游的重要性进行了强调，并出台一系列

优惠政策扶持乡村旅游的大力发展。2017年，全国乡村旅游总人次达25亿，旅游消费规模超过1.4万亿元；2019年，全国乡村旅游总人次增长至30.9亿，总收入增至1.81万亿元；2020年，新冠疫情席卷全国各地，在各地有序复工复产的情况下，乡村旅游人次及收入基本与同期持平；2023年，乡村旅游继续展示出蓬勃的生命力，逐渐发展成为我国旅游消费市场的重要组成部分。

2013年，习近平总书记在中央城镇化工作会议上提出“望山见水忆乡愁”概念，不仅为乡村建设提出了新要求，也为乡村旅游注入了新鲜血液。“留住乡愁”将人们的目光聚焦到乡村原本的特质上，有效避免了乡村旅游发展初期千篇一律、大改大造的模式，“乡愁”也逐渐成为激发旅游者旅游动机的重要因素之一。因此，挖掘游客感知下的乡愁文化元素能够帮助旅游地有针对性、导向性地进行优化，以提供给旅游者更满意的服务体验，从而促进乡村旅游发展。

二、研究意义

本章通过梳理国内外学者关于乡村旅游与乡愁文化的研究成果，对乡村旅游与乡愁概念进行初步总结概括，并从游客感知下的乡愁角度出发，以婺源旅游区为例，通过识别基于游记文本分析的乡愁文化元素，对乡愁文化元素进行情感测度，提出婺源旅游区的景观改造建议，具有重要的理论意义和现实意义。

（一）细化关于乡村旅游与乡愁文化的研究脉络

当前关于乡村旅游的研究成果主要在于发展模式、社会效应、发展现状与问题等方面，且针对乡村旅游地的举措建议多从景区规划的整体上出发，针对景观改造优化的举措建议比较少见；乡愁文化在乡村旅游发展中的重要性已得到充分验证，而关于如何利用好乡愁文化，促进乡村旅游发展的研究还比较少。在数据的收集上，大量已有相关研究依靠于理论分析和实地调研，利用网络文本的研究较少。因此通过网络文本进行乡愁文化元素识别，对旅游地景观优化改造提出建议，能够进一步细化当前关于乡村旅游与乡愁文化的研究脉络，丰富研究数据来源。

（二）扩大景区影响力

通过识别游客感知下的乡村旅游地乡愁文化元素，可以了解到游客对该旅游地各类型元素的了解与关注程度的不同，从而帮助旅游地有针对性地对影响力与吸引力小的景点、景观进行改造与宣传，扩大景区影响力，进一步促进全域旅游发展。本章的研究结论不仅可以为研究地婺源旅游区未来的发展改造规划提供直接参考，同时也可以为其他同类型乡村旅游地联系起乡愁文化与景观规划提供间接参考。此外，针对游客感知的乡愁文化元素识别能够使人们认识到乡村本真的重要与魅力，呼吁全社会重视对乡村原真性的保护，减少乡村乡土风情在旅游发展商业化中的破坏与流失。

第二节　国内外乡村旅游与乡愁文化的发展研究

一、相关概念界定

（一）乡村旅游

乡村旅游概念的界定是一切相关研究的基础，但当前学界尚未就乡村旅游概念达成一致结论。早期关于乡村旅游的研究中，杨旭(1992)认为乡村旅游是指以农业生物资源、经济资源和乡村社会资源所构成的立体景观为对象的旅游活动。杜江和向萍(1999)认为乡村旅游是指以乡村风光及活动为吸引物，以都市居民为主要目标群体，以满足游客求知、娱乐和回归自然方面需求为目的的旅游方式。随着我国乡村旅游的诸多实践尝试，乡村旅游的概念也在产生微小变动，姜太芹和董培海(2021)认为乡村旅游是以农村自然和人文资源为旅游吸引物，以满足城乡居民观光、休闲、度假、娱乐、体验等需求为目的而开展的旅游活动。

虽然当前学界对乡村旅游的概念尚未形成统一结论，但诸多定义中存在共有特性，结合各学者的界定，可以从旅游吸引物、旅游目的地和游客旅游动机三个方面对乡村旅游的概念进行总结，即乡村旅游是以农村自然景观、人文景观、建筑设施、文化资源为旅游吸引物，以城市范围以外区域为旅游目的地，以满足游客观光、度假、娱乐、体验、学习等需求为目的的旅游活动。

（二）乡愁文化

乡愁，最基本的解释即因思念家乡而带来的忧愁，而随着社会发展与学界对乡愁的更深层研究，乡愁所涵盖的客体范畴不再仅仅指家乡这一特定地点，而可以扩展到对人们具有情感价值或能够使人产生眷恋之感的其他地点，因此可将乡愁理解为一种因离开长久居住之处而产生的对以往所遇到和经历的人、事、物的思念之情，是人们在精神层面的需求与情感。乡愁文化则是指能够激发人们乡愁情感的文化，可以从有形要素、无形要素、生态环境和当地居民四个维度进行元素提炼，也可以从道德规范、礼仪风俗、生活方式等维度进行表征。乡愁作为一项重要的文化旅游资源，对于激发游客旅游动机、满足游客旅游体验需求具有重要意义。本章对乡愁文化的研究将从游客感知视角出发，游客的外来者身份能够更好地体验和感知乡愁文化，从而为旅游地“留住乡愁”的发展提供更有价值的参考意见。

二、国内外关于乡村旅游的研究

（一）国外关于乡村旅游的研究

国外关于乡村旅游发展的实践在百余年前就已开始，欧洲是其中发展得较成功的地区。因此，国外学者在乡村旅游方面的研究具有较强的实践性，以案例分析为主，研究热点主要在于乡村旅游发展影响因素、利益相关者和发展驱动力上。在

乡村旅游发展的影响因素方面，Leeuwis(2000)认为政府参与不仅无法带动乡村旅游地的发展，还可能因强制开发的不合理性对旅游资源造成破坏；也有学者持不同意见，Park(2012)的问卷调查结果显示政府通过政策实施与鼓励参与在乡村旅游的发展中发挥积极作用。在乡村旅游的相关利益者方面，Simpson(2008)认为外来企业主导型的发展模式中就包含政府、私人企业和非政府组织三方的直接利益相关者与社区这一可能的间接相关者。Fleischer(2000)从游客旅游动机层面分析提出乡村旅游发展的驱动力在于差异化的反向性。

（二）国内关于乡村旅游的研究

我国关于乡村旅游的研究可以追溯到20世纪90年代，杨旭(1992)通过总结乡村旅游的特点与发展乡村旅游应具备的条件对我国发展乡村旅游的可行性进行了分析，并初步提出我国发展乡村旅游的具体举措建议。1999年，我国关于乡村旅游的研究开始进入缓慢发展时期，研究成果逐年增加，研究重点聚焦于发展现状与未来规划方向上。杜江和向萍(1999)从乡村旅游中的供需矛盾和旅游活动中的主客互动关系出发，提出了乡村旅游可持续发展应注意的事项。熊元斌和邹蓉(2001)梳理了我国乡村旅游的发展现状与趋势，对乡村旅游的客源市场选择与营销策略提出了建议。龙茂兴和张河清(2006)通过构建我国乡村旅游发展中出现的问题之间的联系脉络，提出了解决当前困境的主要思路。张树民等(2012)提出了需求拉动型、供给推动型、中介影响型、支持作用型与混合驱动型五种发展模式。这些研究为我国乡村旅游的进一步发展与研究奠定了良好的理论基础。

丰富的理论成果以现实实践为基础的同时也指导着乡村旅游实践不断进步改善，帮助我国乡村旅游走上发展正轨，与此同时，发展乡村旅游的目标开始从“走起来”转向“走得好、走得稳、走得有价值”。相对应的理论研究也开始与社会重要命题相结合、与其他产业领域相结合，有关乡村旅游的研究步入快速增长时期。梳理近五年来我国在乡村旅游方面的研究成果发现，近年来学者们聚焦于乡村旅游在扶贫、全域旅游、乡村振兴等主题的研究，研究内容包括乡村旅游资源开发、乡村旅游高质量发展、乡村旅游社会效应、乡村旅游系统耦合机制等。杨瑜婷等(2018)利用演化博弈理论，对乡村旅游资源开发中合作双方的矛盾问题及决策影响机制进行了分析，从而向政府和开发商提出了关于合理化解矛盾、促进有效合作的方法策略。史玉丁和李建军(2018)认为乡村旅游的多功能发展能够与保护农村优势生计资本、优化劣势生计资本的可持续发展目标高度契合，可以通过合理规划乡村旅游促进其与农村生计资本的协同发展。李志龙(2019)以湘西凤凰县为例，通过乡村振兴与乡村旅游体系维度解构及动力机制分析，解析了乡村振兴与乡村旅游耦合系统的演化过程与机制，为发展乡村旅游促进乡村振兴提供理论支持与案例经验。刘玉堂和高睿霞(2020)基于文旅融合背景，提出重视文化记忆、增强创新、打造数字化乡村的举措建议以提高乡村旅游核心竞争力。周慧芝(2021)从决策者、规划者和管理者层面提出了当前我国乡村旅游发展的制约因素，提出了做好调查工作、进行科学分析、明确定位、构建完善机制的可持续发展策略。耿松涛和张伸阳(2021)通

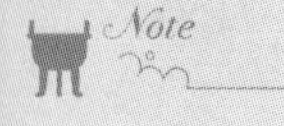

过案例分析就旅游需求转换背景下如何促进乡村旅游产品走向多元、帮助文化产业与乡村旅游协调发展提出了思考，肯定了文化资源在乡村旅游发展中的重要地位。

三、国内外关于乡愁文化的研究

（一）国外关于乡愁文化的研究

在国外，与乡愁概念存在联系的有心理学家的“怀旧”情感与文化地理学家的“恋地情结”。Leboe（2006）认为怀旧是对愉快往事的回忆，而少有回想难过痛苦往事的。心理学家Stephan等（2012）认为怀旧是对人、物、地点和岁月的回忆与感怀，并将怀旧情感比喻为一段心智旅程。不同于心理学家的时间维度，人文地理学家从空间维度对这种情感进行描述与研究，Anderson（2014）通过对前有研究的总结，追溯根源发现“恋地情结”最早出现在《恋地情结：对环境感知、态度和价值观的研究》（*Topophilia：A Study of Environmental Perception，Attitudes，and Values*）一书中，该书作者段义孚首次将体验认知与地理空间联系起来。Weaver（2014）认为恋地情结通常寄托在某地对人有特殊意义的景观及其生活方式上。其中，景观可以是自然或人文景观，地理空间也不局限于长久栖居地，可包括旅游地、暂居地或生产地。但怀旧和恋地情结与乡愁的概念内涵不完全等同，乡愁文化是我国特有的文化传统和人文特质。

（二）国内关于乡愁文化的研究

国内乡愁最早体现于古代文人的诗词文学作品中，通常被解读为思乡之感，而随着学者们将乡愁理念不断地融入如乡村建设、村落保护、乡村旅游等其他研究领域，乡愁的概念内涵也在不断深化。叶强等（2015）将乡愁解析为人们精神层面的需求和情感，是在物质需求上的前进，是对已别的地点、事件或物的思念，有明显的时间和文化属性。陆邵明（2016）在已有概念的基础上，通过对比总结中西方对乡愁的认知，在原有时间与空间维度上增加了关于主体性的阐述，即人与人、人与社会和人与自然之间关系的人文内涵。赵李娜（2019）从“人地关系”视角出发，将文化视为人地互动形成的系列产物，认为乡愁文化实质是古典时期文化基因的延续和现代化进程中人们对时间追忆、空间感伤以及社会关系冷漠的感知与表达。

2013年，中央城镇化工作会议提出了要“让居民望得见山、看得见水、记得住乡愁”的奋斗目标，推动了关于乡愁文化与城镇化建设的研究。周尚意和成志芬（2015）通过对乡愁的道德评价，总结得出留住乡愁的空间规划实践具有一定的合理性。刘沛林（2015）提出满足居民的乡愁情怀，应该注重保护文化遗产、保留文化基因、传承文化记忆，特色小城镇的建设模式和“满天星式”分布格局是响应“留住乡愁”号召的可行尝试路径。此外，还有部分学者将乡愁引入乡村振兴和古村落保护的研究中，郑文武和刘沛林（2016）认为乡愁需求的满足为传统村落的数字化保护提出了更高的要求，为解决该问题，理论层面应该设计好制度和标准，实践层面可以结合VR技术提供能够满足乡愁需求的虚拟旅游服务。张劲松（2018）通过对中

西部地区乡村振兴建设的现状进行对比分析，提出乡愁能够激起离乡游子的思乡忆乡之情，帮助精英回流以促进中西部乡村振兴发展。刘天曌等(2019)认为在乡村振兴和新型城镇化过程中要注重保留古村落的原真性和整体性，守好“记得住乡愁”理念，并结合湖南萱洲古镇这一成功案例做了进一步说明。

近年，随着乡村旅游的蓬勃发展，乡愁文化在旅游领域的重要性也不容忽视。张智惠和吴敏(2019)联系起乡愁与景观，通过文本挖掘提炼各“乡愁景观”载体元素关键词组，构建“乡愁景观”载体元素体系，为乡村旅游视角下的乡愁感知研究提供了良好基础。王新歌等(2019)以古徽州文化旅游区为例，通过网络文本挖掘与语义分析对乡愁文化元素进行了识别并构建维度。陈晓艳等(2020)为更好地评价乡愁的文化资源价值，从居民和游客感知视角出发，以苏南传统村落为研究对象，构建了“文化—情感—记忆”三维度量表，对研究地进行实证检验，得出乡愁的资源价值主要体现在情感联结和文化认同上。谢彦君等(2021)通过对图像中蕴藏的乡愁情结进行分析，提出乡愁可以呈现为一种可感知的景观形态，并归纳出6类乡愁景观，依从符号学理论中的明示、暗示和喻示分析框架，形成了乡愁景观与旅游情境中的“信息”“氛围”和“情感”3个符号诠释范畴之间的对接，让乡愁背景下基于体验视角的旅游景观打造成为可能。

第三节　基于乡愁文化元素挖掘的婺源乡村旅游地景观改造

一、案例设计

（一）案例地概况

婺源旅游区(全称婺源文化与生态旅游区)，位于江西省上饶市，地处江西省东北部，东接浙江衢州、南通上饶、西接景德镇、北临黄山，是我国少有的涵盖整个县域的乡村旅游区。旅游区内有一个国家5A级旅游景区与多个国家4A级旅游景区，其中，知名的有江湾、卧龙谷、灵岩洞、文公山、鸳鸯湖等。婺源县全县占地2967平方千米，建县于唐开元二十八年(740年)，古属徽州府，现归江西上饶管辖，获得“国家乡村旅游度假实验区”“中国优秀国际乡村旅游目的地”等荣誉称号，“篁岭晒秋”景观符号于2014年入选“最美中国符号”。

（二）数据来源

本章研究数据来源于网络旅游平台，利用网络爬虫技术对网络旅游平台中关于婺源旅游区的游记进行搜集，提取得到游客以第一人称视角对在婺源旅游所见、所闻、所想的叙述性文本，主要搜集过程包括以下三步。

1. 确定搜集关键词与平台

由于婺源旅游区是一个县域风景区，涵盖景点众多，为保证数据搜集的全面性，选择以“婺源”为关键词进行大范围搜索；目前，国内关于旅游游记发布与讨论的平台以马蜂窝和携程为主，通过综合考虑平台知名度、用户数量、成立时间、相关游记总量与游记内容质量，最后确定以携程平台为搜集对象。

2. 爬取网络游记全文内容

利用网络爬虫技术对携程平台上以“婺源”为关键词所检索出的网络游记全文内容、出游时间、人均消费、游玩天数等信息进行提取。爬取信息前设置两条筛选条件：一是游记全文字数大于600字，以确保游记所涉及内容的全面、翔实；二是游记发表时间为2016年起，以保证在样本充足的前提下获取更有效的数据。通过爬虫搜集，最后共获得游记样本1839条，游记全文内容200万余字。

3. 对所获样本进行筛选与标准化处理

通过大范围搜索，获得了大量游记样本，但其中还涵盖了科普型旅游攻略、景区或民宿广告、以游记为依托的其他商品“软广”以及明显存在复制粘贴痕迹等许多无法体现游客真实感受的无效样本，需要人工对这些无效样本进行删除。第一次筛选删除后，还需要对游记中关于研究区域以外的描述及与旅游活动无关的“杂音”进行删减，保留针对婺源旅游区的核心描述段落，得到游记样本237条，游记内容30万余字。最后对游记内容文本中的部分词汇做统一归纳整理，例如，将“演艺”“演出”统一为“实景演出”，将“鸟鸣”“鸟语”“鸟叫”统一为“鸟啼”等，避免表述多样化降低词汇频次，而导致有价值词汇丢失。

（三）研究方法

本章进行乡愁文化元素识别与维度搭建主要依据文本词频分析、情感倾向测度和扎根理论三种方法。

文本词频分析和情感倾向测度通过ROST CM6.0软件进行，ROST CM6.0是由武汉大学研发的具有分词、词频统计、情感识别等多项文本分析功能的软件，在基于网络文本的旅游地体验感知研究中有着广泛应用。由于该软件中词库具有普适性，默认分词方式不适用于旅游游记文本，故而在进行分词与词频统计之前，应先创建自定义词库，引入如“晒秋”“鸳鸯湖”“彩虹桥”等旅游地特有词汇，然后对游记文本进行分词与词频统计。本章研究选择保留词频大于5的所有词汇，再对词汇进行筛选整理得出与主题相关的84个高频词。情感倾向测度是依托软件中情感类词汇库，通过对游记文本中体现情感语句的消极、积极与中性程度评分，统计出游记中各类情感的语句总数，从而得出文本内容呈现出的整体情感倾向。

扎根理论是由哥伦比亚大学的Strauss和Claser两位学者在1967年提出的一种定性研究方法，即通过系统性地搜集资料，对所研究事物现象的本质进行归纳，再通过这些本质概念间的联系构建理论。对资料进行逐级编码是扎根理论中最重要的步骤之一，通过对系统性资料的概念化和范畴化构建其实质理论，本章将按照扎根理论的逐层归纳思想构建游客感知下乡愁文化元素的维度。

二、结果与分析

（一）样本基本信息分析

携程网络平台上的旅游游记大部分含有出游时间、游玩天数、人均消费和游玩类型等基本信息，通过对这些基本游客信息的统计与分析，可以帮助了解婺源旅游区的游客游览特征。如表5-1所示，游客出游时间集中于3月与11月，分别占27.00%和16.03%，游玩淡季为1月和5—8月，占比都不超过6%；游玩天数以2～3天为主，占64.14%，一日游和七日游及以上的占比较少，分别占4.64%、4.22%；旅游方式上，和朋友出游占48.52%，位列第一，情侣游和独自游的类型比较少；人均花费在1000～1490元与1500元及以上的游客数量较多，共占比72.16%，人均花费少于500元的占比较少，仅占6.33%。综合上述信息发现，婺源旅游区的旺季集中于春秋两季，是一个适合与朋友或家人结伴进行中短途旅游的地方，人均总花费大于1000元，结合游玩天数可知人均日消费水平为400～700元，消费水平属于中上等级。

表5-1　游客样本基本信息

基本信息	类型	样本数/个	样本占比/(%)	基本信息	类型	样本数/个	样本占比/(%)
出游时间	1月	6	2.53	游玩天数	1天	11	4.64
	2月	14	5.91		2～3天	152	64.14
	3月	64	27.00		4～6天	64	27.00
	4月	27	11.39		7天及以上	10	4.22
	5月	13	5.49	旅游方式	独自游	43	18.14
	6月	8	3.38		和朋友	115	48.52
	7月	11	4.64		和家人	61	25.74
	8月	7	2.95		情侣游	18	7.59
	9月	16	6.75	人均消费	500元以下	15	6.33
	10月	18	7.59		500～999元	51	21.52
	11月	38	16.03		1000～1499元	75	31.65
	12月	15	6.33		1500元及以上	96	40.51

（二）高频词整理

通过对游记文本进行分词与词频统计，共获得词频大于5次的词汇301个。从词频来看，对词汇按频数降序排列，高频词以“江岭”“篁岭”“晓起”等景区名称和“油菜花”“晒秋”等景区核心主题为主。从词性来看，样本高频词包括名词、动词、形容词和介词，其中名词居多，动词主要有“拍照”“上山”“出发”等游客行为动词；形容词包括“美丽”“安静”等形容景点与景区环境的词汇和“五彩的”“金黄的”这类描

述色彩的词汇；介词主要有“上面”“位于”等描述景点位置的词汇。此外，高频词还包含一些因软件基础词库而出现的如“成了一”“看不”等无意义词汇，因此，需要根据游客在婺源旅游区游玩所关注的重点对高频词进行筛选，保留能够反映婺源旅游区乡愁文化元素的词汇，经过筛选得到如表5-2所示84个高频词。其中，“油菜花”“晒秋”“建筑”3个词汇的频数以556次、225次、174次分列前三名；而“祭祀”“徽剧”“詹天佑”等词汇的频数较少，被提及次数均不超过10次。

表5-2　游客感知下婺源旅游区高频词及其频数

词组	频数/次	词组	频数/次	词组	频数/次
油菜花	556	粉墙黛瓦	40	步行街	19
晒秋	225	实景演出	40	黄色	19
建筑	174	红枫	40	采摘	18
彩虹桥	166	梯田	39	清明果	18
山谷	156	金黄色	39	段莘水	17
溪水	142	茶叶	34	风水	17
月亮湾	113	青山	34	糊豆腐	15
江永	103	青瓦	34	粉蒸肉	15
人家	97	古民居	32	五桂堂	15
垒心桥	67	热情	32	八卦	14
绿色	67	萧江宗祠	32	书院	14
灵岩洞	65	工艺	31	戏台	14
流水	65	皇菊	30	家训	13
廊桥	65	荷包鲤鱼	29	红色	13
山水画	63	泛舟	28	金庸	12
木雕	58	朱熹	28	廊亭	11
古建筑	56	花海	27	鸳鸯湖	11
青石板	51	写生	27	方言	10
丰收	49	远山	23	吆喝	9
严田古樟	49	白色	23	鸟啼	9
炊烟	45	大夫第	22	怪屋	9
文化	45	洗衣	21	竹林	9
农作	44	五彩	21	娶亲	8
山坡	44	马头墙	20	拜月大典	7
小路	43	明清古建	20	文昌阁	7
红豆杉	43	江泽民	20	祭祀	6

续表

词组	频数/次	词组	频数/次	词组	频数/次
古树	41	手工	19	徽剧	6
竹筏	40	聊天	19	詹天佑	6

（三）维度构建

首先根据扎根理论对高频词进行编码，实现高频词的范畴化。将84个高频词根据本质特征进行分类，将具有相同本质概念的词汇归纳到一起形成概念群，为能够进行逐层编码，在进行分类时可以尽可能地细分概念，通过对概念群中所包含词汇的统一本质特征提炼，总结得到如表5-3所示的14个范畴。

表5-3　乡愁文化元素范畴

范畴	高频词	范畴	高频词
地形地貌	山坡、山谷、远山、灵岩洞、山水画、青山	名人传说	江永、江泽民、朱熹、金庸、詹天佑
水域景观	月亮湾、流水、鸳鸯湖、溪水、段莘水	美食特产	糊豆腐、茶叶、皇菊、荷包鲤鱼、粉蒸肉、清明果
乡间色彩	绿色、金黄色、白色、五彩、黄色、红色	手工技艺	木雕、工艺、手工
民俗节庆	娶亲、晒秋、拜月大典、祭祀	演艺展示	实景演出、徽剧
风土民情	文化、热情、家训、八卦、风水	乡野之音	方言、吆喝、鸟啼
乡土植物	油菜花、古树、梯田、花海、红豆杉、红枫、严田古樟、竹林	生活农趣	洗衣、竹筏、聊天、人家、泛舟、丰收、采摘、农作、写生
特色建筑	建筑、彩虹桥、古建筑、戏台、大夫第、五桂堂、垒心桥、廊亭、萧江宗祠、文昌阁、明清古建、廊桥、怪屋	街巷民居	小路、粉墙黛瓦、步行街、青瓦、古民居、炊烟、马头墙、书院、青石板

在总结得到的14个范畴基础上，进一步归纳凝练搭建乡愁文化元素的感知维度，将范畴放回原始文本资料，对14个范畴进行主轴译码以搭建范畴之间的关系，经过反复比较，按照范畴间的相互关联可以进一步归纳总结得到如表5-4所示的6个维度。从维度构成上看，自然景观景象维度包含范畴类别最多，且维度下所含范畴要素贯穿游客游览的整个过程；名人传说典故和艺术工艺演艺维度包含范畴类别较少，且游客的体验便捷性比较低，受到一定程度的文化限制与场所限制。从各维度所包含的乡愁文化元素的总频次来看，自然景观景象与建筑纹理格局的被感知程度较高，其中，237个游记样本中关于自然景观景象的总频次达1719次，这一方面体现了婺源旅游区自然景观资源的丰富，另一方面也反映出游客来到婺源旅游区的旅游动机以山水田园观光为主；而名人传说典故和艺术工艺演艺的被感知

程度则比较低，两个维度的总频次均不超过200，反映出婺源旅游区在这两个维度下的游客体验渠道开发与感知路径的不足，未能对游客产生足够的吸引力。

表5-4　游客对婺源旅游区乡愁文化元素的感知维度

维度	范畴	总频次数/次
自然景观景象	地形地貌、乡土植物、水域景观、乡间色彩	1719
建筑纹理格局	特色建筑、街巷民居	911
村落生活氛围	美食特产、生活农趣、乡野之音	557
人文风土情怀	民俗节庆、风土民情	367
名人传说典故	名人传说	169
艺术工艺演艺	手工技艺、演艺展示	154

（四）情感倾向测度

在了解了游客对婺源旅游区乡愁文化元素的关注重点基础上，运用ROST CM6.0软件的情感测度功能，对整理后的游记文本进行情感态度评价与汇总，可以帮助我们进一步了解游客对这些乡愁文化元素的评价情况。依托ROST CM6.0中关于情感评价的词汇库，对游记文本中带有情感评价的语句进行分离提取，共获得2801条语句，对所提取到的语句进行消极、中性与积极情绪评分并对各情绪下语句总数进行统计，结果如图5-1所示。由图5-1可以看出，积极情绪倾向的语句最多，占65.55%（共1836条）；消极情绪倾向相关语句最少，仅占13.39%（共375条）；剩余21.06%（共590条）的语句呈现中性态度。结果表明，婺源旅游区的游客满意度水平较高，但仍存在一些影响游客体验的负面因素。

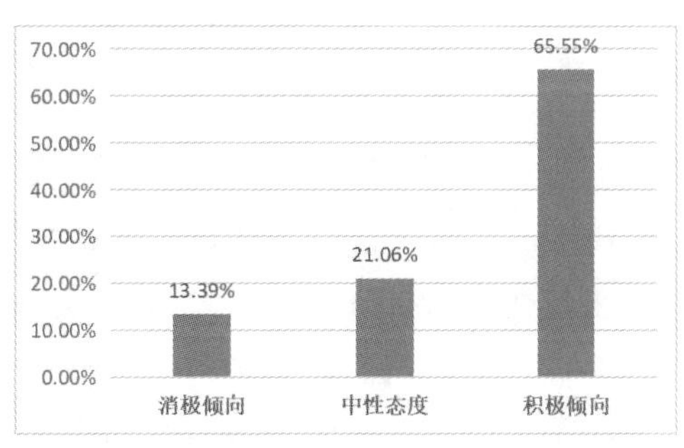

图5-1　基于游记文本分析的情感倾向

为更好地了解游客对婺源旅游区乡愁文化感知的消极情绪来源，对情感倾向测度中的消极倾向语句进行整理，得出相关景区的代表性消极评价语句，如表5-5所示。总结消极情感倾向相关语句可知，游客对婺源旅游区的消极情绪来源主要分为三个方面：一是景区整体规划与服务管理，主要体现为部分景区服务人员态度不佳、实际接待人数与合理容纳量不符、商业化严重等；二是景观观赏价值，主要体现为个别景区景观缺乏特色与观赏价值、河边环境脏乱差、景观同质化、建筑不够精美等；三是交通等基础设施，问题在于景点分散交通不便、景区内导览系统不完善等。

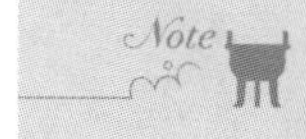

表5-5　景区的代表性消极评价语句

景点范围	关键语句
篁岭	“围满了人”“摆拍”“人为制造”“观景台树木遮挡”
李坑	“商业化严重”“没什么好拍的”“挤满了木筏”“商业街”
石城	“山上什么都没有”“到处是电线”“脏乱差”“烟雾太浓”
江岭	“看不到真正日落”“建筑不是正宗徽派风格”“态度不好”
思溪延村	“游览标识乱”“可看景点不多”“打理凌乱”“大同小异”
汪口	“可看内容很少”“没什么”“破坏厉害”“河边脏乱”
晓起	“清一色商铺”“老宅不太精美”“没有特色”
灵岩洞	“很黑”“感到压抑”

三、研究结论

本案例以婺源旅游区为例，通过对游客感知视角下婺源旅游区乡愁文化元素的挖掘与维度搭建，得出以下结论。

（1）“油菜花”“建筑”和“晒秋”是婺源旅游区的核心文化元素。通过对网络游记文本的高频词统计与筛选，得到了有关于乡愁文化的84个基础元素，词频显示游客对“油菜花”“建筑”和“晒秋”的关注度较高，而对“詹天佑”“祭祀”和“徽剧”的关注度较低，反映出婺源旅游区对传统文化与名人典故方面的文化旅游资源利用程度不高。

（2）婺源旅游区的乡愁文化元素可归纳为自然景观景象、建筑纹理格局、村落生活氛围、人文风土情怀、名人传说典故和艺术工艺演艺6个维度。其中，自然景观景象、建筑纹理格局和村落生活氛围中各类乡愁文化元素的发展更好，游客体验感与认可度更高；而人文风土情怀、名人传说典故和艺术工艺演艺3个维度下的各类型乡愁文化元素的实践与开发还有待加强，当前对游客体验满意度与旅游动机的影响力比较低。此外，6个乡愁文化元素维度下又分别包含一个或多个范畴，例如，村落生活氛围包含美食特产、生活农趣和乡野之音3个范畴。

（3）游客对婺源旅游区的体验情感倾向积极程度比较高，但景区仍有一定的改善优化空间。游记文本的情感倾向测度结果显示，游客对婺源旅游区的积极情感占65.55%，消极情感占13.39%，其中，消极情感来源可分为景区服务管理、景观观赏价值和景区基础设施三方面。主要消极语句集中于“商业化严重”“杂乱”“大同小异”等方面，反映了景区发展与村落保护之间存在矛盾、景区景观同质化、景观管理不规范等问题。

四、乡愁文化元素挖掘的乡村旅游地景观改造策略

（一）改造原则

通过对婺源旅游区的研究与分析，暴露出该旅游区在景区规划管理与景观设计打造上的一些问题，而景观同质化、旅游发展与乡村乡土特性之间存在矛盾、景区氛围存在违和等问题也普遍出现在同类型乡村旅游地中。因此，本章针对这些乡村旅游地景观中的通病问题提出“协调、融合、差异化”的景观优化改造原则。

1. 协调原则

协调原则的核心即为游客提供整体协调、氛围不违和的观赏景观，要求游客在游览过程中所经过的每一处都保持在同一个氛围意境中，这是一个整体化的规划理念。具体来讲，为打造有“大局观”的景观环境，应注意对矛盾的协调。首先，景观打造与村落保护间的协调十分重要，大拆大建的打造模式应该杜绝，要依托现有乡村景观风貌，对建筑设施做合理的微小修缮与宜居化改造；其次，要注重传统文化与现代生活的协调，文化旅游资源是乡村旅游地的重要资源，现代生活与观念可能对传统文化产生一定的冲击，如何提高景区传统文化的接受度与被感知度，是景区规划应思考的问题；最后，旅游发展带来的商业性与乡村的乡土性之间的协调也不容忽视，适当的商业化满足游客吃、住、行、游、购、娱的旅游需求，过度的商业化不仅破坏景区整体协调氛围，还可能因对商铺的规范管理不到位出现欺诈、以次充好等问题，对景区形象产生不良影响。此外，游览近景与远景的协调、景观观赏性与原真性的协调也是进行景观改造时应考虑的问题。

2. 融合原则

融合原则要求在进行景区景观改造规划时集百家之长，以开放性思维对多方面因素进行融会贯通的思考。在理论上体现为多学科融合，景观的改造设计不仅与旅游学相关，而且与建筑学、艺术学、地理学等多个学科都有一定的关联性，是一个比较复杂的过程，融合多学科思维能够帮助景观改造的设计视角更加多元；在实践中体现为人工与自然的融合，乡村旅游景观的打造主要是在已有景观资源的基础上，通过人造景观的建设增强其游览与体验价值，那么就应力求将人造景观与自然景观巧妙融合，达到浑然一体的效果；在思想上体现为旅游活动供应方与需求方间的看法融合，通常情况下即景区运营者与游客在景区景观改造上的意见融合，游客作为景区景观的直接体验者与评价者，其想法与意见具有重要的参考价值。

3. 差异化原则

差异化对应乡村旅游景观中的同质化问题，可以将其分解为两个层面：对外方面，要注重与同类型旅游景区的差异化打造，避免对同类型乡村旅游景区成功案例的照搬照抄，学习成功经验应注重分析其景观打造的内在逻辑；对内方面，应重视景区内小范围中相似景观的差异化打造，过多的相似景观聚集在一起可能会消磨游客耐心，对其游览热情产生消极作用。差异化类型上，可以考虑色彩差异、结构差异、图案差异等。

（二）具体举措

以“协调、融合、差异化”的乡村旅游景观改造优化原则为基础，结合本章研究结果，对婺源旅游区提出“三要”景观改造策略，即“要规范、要创新、要常变”。

1. 规范景观结构与维护，构建协调的整体氛围

在景观结构上，当前婺源旅游区的部分景区存在电线牵连杂乱、建筑风格古现代混杂的问题，应对各个景区进行一次彻底的实地摸排与统计，解决好电线杂乱和在古建筑上加建现代铁框玻璃与栏杆的问题。此外，对古建筑上的空调外机、排水管道进行隐藏，尤其是临街建筑，要避免这些违和因素出现在醒目位置。在景观环境上，对几条主要河流进行定时清理，根据旅游淡旺季设定合理的清理频率，杜绝河道脏乱差现象发生；对景区内商铺的宣传手段进行规范，禁止以横幅、广告牌、易拉宝的形式进行游客招揽，对商铺的门店装修与招牌样式设置统一要求，保证其与景区风格的高度协调。此外，还应注意对景观的定时检查与维护，不可呈现出无人看管的状态。

2. 创新植物与建筑景观，打造差异化景观体验

景观的优化改造应注重创新，以婺源旅游区的两大核心吸引元素油菜花与古建筑为例。油菜花的观赏时间具有局限性，可以尝试引入多色油菜花的新品种，通过对不同颜色油菜花进行规划种植，变“油菜花”为“油菜画”，以增加其观赏性。以成都农林科学院羊马基地所培育的五彩油菜花为例，这种油菜花不仅有橙色花、红色花、粉色花等多种种类，而且油菜花的茎叶还呈现紫色，使其从苗期到花期都具有一定的观赏价值，很大程度上延长了油菜花的观赏期。婺源旅游区的古建筑以徽派建筑为主，粉墙黛瓦与马头墙是比较统一的特征，远观难以体现出差异性，但徽派建筑擅用雕刻艺术，当走近细瞧时，不同花样图案的木雕与石雕也能提供一定的观赏乐趣。

3. 融合多方意见与思考，满足需求动态性发展

要常变，是为了满足社会日益变迁中游客旅游需求的变化，但常变不是指对景观进行大刀阔斧的拆除重建，而是关注游客反馈，结合多学科思维对景观进行细小调整的微变。要构建起与游客之间有效的沟通桥梁，运用包括网络评价收集、线下问卷调查、实地调研走访等多种方式帮助景区运营者了解游客游览景观的所思所想，接受外来者的审视眼光，换位思考从游客角度看景区景观存在的问题。为促进学科观念融合，可以不定时邀请其他学科领域的研究者与行业经营者到景区进行体验游玩，通过融合多方想法与规划，不断地对景区景观进行调整，保障游客旅游体验。

本章小结

本章通过梳理国内外有关乡村旅游景观与乡愁的研究成果，主要运用网络文本分析法，以婺源乡村旅游地为典型案例，对网络旅游平台上以“婺源”为关键词的游记文本进行收集与词频分析，构建了包含6个维度及其下属14个范畴的乡愁文化元素框架，并对游记文本中关于乡愁文化元素的情感倾向进行测度，分析其中消极情绪的主要来源。研究得出以下结论：①“油菜花”“建筑”和“晒秋”是婺源旅游区的核心乡愁文化元素；②婺源旅游区的乡愁文化元素可归纳为自然景观景象、建筑纹理格局、村落生活氛围、人文风土情怀、名人传说典故和艺术工艺演艺6个维度；③游客对婺源旅游区的体验情感倾向积极程度比较高，消极情绪来源主要在于景区服务管理、景观观赏价值和景区基础设施3个方面。

在案例分析结论的基础上，针对同类型乡村旅游地，本章提出“协调、融合、差异化”的景观改造优化原则，即协调好建设与保护、传统文化与现代生活、商业性与乡土性、近景与远景、景观观赏性与原真性之间多对矛盾的关系；注重旅游学与建筑学、艺术学等多学科融合、人工与自然融合、供应方与需求方的意见融合；注重与同类型旅游景区的差异化，避免景区小范围内大量相似景观的设计。此外，本章还针对婺源旅游区的景观改造提出了“要规范、要创新、要常变”的具体举措建议。

第六章

乡村旅游景观意象优化

学习目标

1. 了解基于游客感知的乡村旅游景观意象优化研究背景及意义。
2. 了解国内外关于乡村旅游的研究。
3. 了解旅游意象感知测度与分析

第一节 基于游客感知的乡村旅游景观意象优化研究背景及意义

一、基于游客感知的乡村旅游景观意象优化研究背景

乡村是我国旅游地中较为特殊的一个方面，尽管不具有大都市的繁华，但别有一番风味，有的乡村还具有非常浓厚的历史底蕴。随着工业化的发展、社会经济的高速发展、人口结构的变化、交通的日益便捷和生活节奏的加快，城市居民在享受工业文明带来的舒适的物质生活和丰富的精神生活的同时，不得不面临工业文明带来的生活环境的恶化，而乡村拥有辽阔草原、森林、湖泊等良好的生态环境，山清水秀、野花烂漫、果园飘香、荷塘蛙鸣、鱼跃禽飞的乡村自然美景必然成为城市居民

“绿色”观光的好去处。因此，有条件的城市居民逐步走出钢筋水泥浇筑的城市，进入具有泥土气息的美丽乡村，乡村旅游由此就产生了。乡村旅游现已成为推进城乡基础设施和城乡生态环境建设的新载体，帮助农民增收致富的新渠道，促进农村经济结构调整和特色经济发展的新动力，转移吸纳农村剩余劳动力的新途径，提高农民素质、加强农村精神文明建设的新形式，其发展对于构建社会主义和谐社会，促进人与自然和谐相处、人与社会和谐相处都具有重要的意义，是全面贯彻新发展理念的一种有益尝试和实践。

二、基于游客感知的乡村旅游景观意象优化研究意义

（一）丰富乡村旅游研究内容

本章基于游客感知视角探讨乡村旅游意象问题，有利于丰富旅游意象的研究内容，拓展乡村旅游研究的主题。

（二）提高乡村旅游的发展水平

通过对乡村旅游地游客意象感知的系统研究，以及对婺源乡村旅游的发展现状和存在问题的分析，可以帮助研究揭示乡村旅游成果展示和转化的有效运行机制和组织方式，提高乡村旅游的发展水平。

第二节　国内外关于乡村旅游的研究

一、国内外乡村旅游相关概念研究

（一）国外乡村旅游相关概念研究

国外对乡村旅游概念的界定比较复杂，WTO在向政府官员、地方社区和旅游经营者提供的《地方旅游规划指南》一书中对乡村旅游的定义为：旅行者在乡村或其附近（通常是偏远地区的传统乡村）逗留、学习、体验乡村生活模式的活动。欧盟（EU）和经济合作与发展组织（OECD）（1994）认为，“乡村性”（rurality）是乡村旅游整体推销的核心和独特卖点，认为乡村旅游应该是发生于乡村地区，建立在乡村世界的有特殊面貌、经营规模小、空间开阔和可持续发展的基础之上的旅游类型。有学者认为，乡村本身不是休闲资源，城市和乡村并没有严格的区别，乡村本身并没有什么特性使乡村成为旅游资源。由于生活在乡村中人们的文化特点，乡村旅游变得富有魅力。Mormont（1990）认为乡村包含重叠的社会空间，这些社会空间有各自不同的思维方式、社会制度和行为网络。Bernard Lane（1994）认为，乡村旅游的概念远不仅是在乡村地区进行旅游活动那么简单，乡村地区本身就难以界定，不同的国家其标准差异很大，乡村旅游是一种复杂的旅游活动。

（二）国内乡村旅游相关概念研究

我国对乡村旅游的研究起步较晚，可搜索到的文献大都始于20世纪90年代初，通过翻阅不同的文献了解到，国内专家学者对乡村旅游的认识虽然有表述上的差异，对乡村旅游的定义有些不同，但基本内涵是相同的。

王兵（1992）认为，乡村旅游是以农业文化景观、农业生态环境、农事生产活动以及传统的民族习俗为资源，融观赏、考察、学习、参与、度假、购物于一体的旅游活动。马波（1995）认为，乡村旅游是以乡村社区为活动场所，以乡村独特的生产形态、生活风情和田园风光为对象系统的一种旅游类型。杜江和向萍（1999）认为，乡村旅游是以乡野农村的风光和活动为吸引物，以都市居民为目标市场，以满足旅游者娱乐、求知和回归自然等方面需求为目的的一种旅游方式。何景明（2002）认为狭义的乡村旅游是指在乡村地区以具有乡村性的自然和人文客体为旅游吸引物的旅游活动。刘德谦（2006）认为乡村旅游是以乡村地域及农事相关的风土、风物、风俗、风景组合而成的乡村风情为吸引物，吸引旅游者前往休息、观光、体验及学习等的旅游活动。卢云亭（1995）认为只要有吸引力，能给游客增加奇趣、野趣、异趣、乐趣，并拥有观赏、参与、习技、科考、健身等旅游功能的农业均属乡村旅游。王仰麟（1999）认为乡村旅游是以农业和农村为媒介，能满足旅游者观光、休闲、度假、娱乐、购物等需求的旅游业。

二、国内外有关语义分析法的相关研究

（一）国外关于语义分析法的相关研究

1. 义素分析法（componential analysis）

义素是构成词义的最小意义单位，义素分析法是指把同一语义场的一群词集合在一起，从义素的角度进行分析、对比与描写的方法。有些西方学者认为义素完全是主观的东西，没有客观的基础，德国的比尔维施认为“义素并不是语言词汇的一部分，而只是理论上的元素，是为了描写某种语言的各个词汇成分之间的语义关系而假设出来的”。乌尔曼认为“义素是意义的基本要素”。20世纪40年代，丹麦语言学家叶姆斯列夫提出了义素分析的设想；20世纪50年代，美国人类学家朗斯伯里和古德内夫受到雅克布逊提出的音位学里区别性特征的分析方法的启示，在研究亲属词的含义时提出了义素分析法；20世纪60年代初，卡茨、福德将义素分析法用来为生成转换语法提供语义特征，很快受到现代语义学界的重视。

2. 配价语法（dependency grammar）

“配价”是当今语法理论体系中重要的问题之一。配价语法，是20世纪50年代由法国语言学家特思尼耶尔提出来的。他于1953年出版的《结构句法概要》一书就使用了“配价”这一概念，于1959年出版的《结构句法基础》则标志着配价语法论的形成。德国学者在配价语法研究上较有成就，如博林克曼、艾尔本、赫尔比希、邦茨欧以及舒马赫。

3. 格语法(case grammar)

格语法是美国语言学家菲尔墨在20世纪60年代中期提出来的着重探讨句法结构与语义之间关系的一种语法理论和语义学理论。

4. 题元理论(theta theory)

进入20世纪80年代中期以后,题元理论以及用该理论对语言现象进行分析已成为现代语言学的一大热点。题元角色(theta role)是指关于句子成分的语义角色,Gruber(1965)在他的博士论文中最早明确提出了题元角色的概念并对此进行了详细的描写。他认为其不仅是一种句法结构,也表现了语义关系;动词是核心成分,动词根据语义关系赋予其他成分角色。Chomsky 吸收了相关的理论后,在20世纪80年代初期提出了管辖与约束理论,将句子中的题元和题元关系引进生成语法中的管辖与约束理论,以揭示动词的句法结构和语义的关系,促进了题元理论在语言分析应用中的进一步发展。

5. 语义网络(semantic network)

语义网络是自然语言理解及认知科学领域中的一个概念,20世纪70年代初由西蒙提出,用来表达复杂的概念及其之间的相互关系。语义网络是一个有向图,其顶点表示概念,而边则表示这些概念间的语义关系,从而形成一个由节点和弧组成的语义网络描述图。语义网络多应用于计算机研究。

(二)国内关于语义分析法的相关研究

语义学的研究在我国有着悠久的历史,如讲字义的《康熙字典》和讲句义的《十三经注疏》。国内语义学研究主要是对具体词语的解释,较少把各种语义关系集中起来作为独立的理论加以研究。关于语义分析法的研究,国内可查阅到的文献也非常少。

语义场是语义学中的一个新概念,传统语义学中不包括语义场的理论。关于传统语义学,有人认为:"语言学家历来对词义感兴趣,可是传统的语文学家的兴趣主要在于考证个别意义的演变"。其研究方法属于历时语义学(diachronic semantics)的范畴。其主要缺陷之一就是孤立地追溯单个词在语义上的历史发展,忽视了词与词之间的语义关系及它们之间的相互影响。所以有人认为"这不属于科学,一般不把它们看作语义学研究"。

语义理论的一个较新的研究发展是"语义最小主义"。所谓"最小",指的是存在可确定真值的最小的句子内涵,这一内容由构成句子的词项意义以及这些词项的句法组合模式所决定,不取决于语言使用者的意图及他们具有的情境知识。这一观点被认为是"最小主义的语言学新转向"。

第三节　旅游意象感知测度与分析

一、量表设计

本章根据艾特纳和里奇提出的旅游地意象“功能—心理”连续体结构，参考李瑞等(2018)学者设计的古镇旅游地意象感知的语义差异量表，结合婺源的实际情况，有针对性地设计出婺源乡村旅游地意象感知的语义差别量表(见表6-1)。该量表意象功能感知因子分为基础元素与商业元素，包含村落选址、整体风貌、基础设施、饮食特色、住宿满意度等评价项目；意象心理感知因子则分为社会元素与文化元素，包含村落邻里关系、居民友好程度、民俗文化氛围等评价项目。本章对符合上述两个感知维度的17个评价项目特征的形容词进行了比较和挑选，并采用评价尺度(赋值为－1～1)进行测度与分析。

表6-1　乡村旅游地意象感知语义差别量表

因子组名		评价项目	语义差异评价尺度
意象功能感知	基础元素	村落选址	无特色—特色
		整体风貌	破碎—完整
		基础设施	缺乏—完善
	商业元素	娱乐活动	单调—丰富
		交通便利性	不便—便捷
		乡村出入口	不显眼—显眼
		住宿满意度	不满意—满意
		建筑特色	无特色—特色
		饮食特色	无特色—特色
		土特产品和纪念品	无特色—特色
	社会元素	村落邻里关系	冲突—和谐
意象心理感知		居民友好程度	冷漠—热情
		乡村人居环境	冲突—和谐
	文化元素	乡村风水文化	普通—独特
		民俗文化氛围	淡薄—浓厚
		主体空间商业环境	恶劣—良好
		乡村历史文化感厚重	淡薄—浓郁

二、量表调查与检验

据上述设计的问卷量表，课题组赴江西省婺源县乡村旅游地开展实地问卷调研，共发放量表230份，回收率为100%，其中有效量表206份，有效率为89.57%。通过对数据的分析，得到表6-2所示的样本人口统计学特征：男性受访者占45.63%，女性受访者占54.37%；年龄结构以19～30岁为主；月收入占比最多的两项为3000元及以下（占35.44%）和5001～8000元（占29.61%）；72.81%的受访者文化程度为大专或本科；江西省内外游客比约为1:2；学生和专业技术人员（老师、医生等）为主要群体。可以看出，上述有效样本的分布态势较合理、客观。

表6-2　样本人口统计学特征

属性	分类	样本数/个	所占比重/(%)
性别	男	94	45.63
	女	112	54.37
年龄	19岁以下	8	3.88
	19～30岁	141	68.45
	31～40岁	29	14.08
	41～50岁	13	6.31
	50岁及以上	15	7.28
受教育程度	高中及以下	27	13.11
	大专	37	17.96
	本科	113	54.85
	研究生及以上	29	14.08
来自	江西省	65	31.55
	江西省之外的省市	138	66.99
	境外	3	1.46
从事职业	公务员或党政机关人员	17	8.25
	工人	10	4.85
	农民	4	1.94
	专业技术人员（老师、医生等）	49	23.79
	学生	69	33.5
	企事业工作人员	21	10.19
	个体经营者	14	6.8
	其他	22	10.68
月收入	3000元及以下	73	35.44
	3001～5000元	38	18.45

Note

续表

属性	分类	样本数/个	所占比重/(%)
	5001～8000元	61	29.61
	8001～12000元	22	10.68
	12000元及以上	12	5.83

同时，本章借助SPSS 22.0软件，运用因子分析中信度系数和效度系数对上述问卷进行了可靠性和有效性检验。信度检验是用来衡量问卷的可靠性，结果如表6-3所示，总体变量Cronbach's Alpha系数为0.849，大于0.70，说明问卷收集到的数据具有很高的可信度。

表6-3　可靠性统计量

Cronbach's Alpha系数	基于标准化项的Cronbach's Alpha系数	项数
0.846	0.849	17

效度分析指的是所测量到的结果反映将要考察内容的程度。一般而言，效度系数越高，结果与测量内容之间的吻合度就越高。SPSS 22.0分析的结果如表6-4所示，数据显示KMO值为0.884，大于0.70，巴特利特球形检验得出各变量之间的显著性水平低于0.01，说明本研究中的数据适合进行语义分析。

表6-4 KMO和巴特利特球形检验

KMO值		0.884
巴特利特球形检验	近似卡方	1379.098
	自由度	136
	显著性	0.000

三、旅游意象总体感知

根据206份有效量表统计的游客意象感知维度的形容词词频分布，按照表6-1的评价尺度设定标准进行分析，结果如表6-5所示。游客的意象功能感知与意象心理感知的较积极与积极形容词对(同意、非常同意)的总频次为2468次，而其较消极与消极形容词对(不一定、不同意、非常不同意)的总频次为1034次，各自所占总频次的比重分别为70.48%和29.52%。总体而言，游客的意象总体感知与其意象功能感知呈较积极态势，而游客的旅游意象心理感知则呈中立态势。

表6-5　婺源游客的旅游意象感知维度形容词词频分布

题项	非常不同意		不同意		不一定		同意		非常同意	
	频次/次	占比/(%)	频次/次	占比/(%)	频次/次	占比/(%)	频次/次	占比/(%)	频次/次	占比/(%)
1.1 村落选址有特色	0	0.00	2	0.97	23	11.17	136	66.02	45	21.84
1.2 整体风貌完整	0	0.00	4	1.94	31	15.05	139	67.48	32	15.53
1.3 基础设施完善	0	0.00	17	8.25	65	31.55	105	50.97	19	9.22
1.4 有特色娱乐活动	6	2.91	28	13.59	81	39.32	77	37.38	14	6.80
1.5 道路与桥梁便利整洁	1	0.49	8	3.88	36	17.48	125	52.91	36	17.96
1.6 乡村出入口显眼、有特色	1	0.49	12	5.83	47	22.82	109	52.91	37	17.96
1.7 民宿酒店显眼、住宿满意度高	2	0.97	12	5.83	64	31.07	97	47.09	31	15.05
1.8 建筑物有地方特色	0	0.00	8	3.88	24	11.65	114	55.34	60	29.13
1.9 有乡土特色餐饮	2	0.97	11	5.34	58	28.16	97	47.09	38	18.45
1.10 有地方土特产品和纪念品	6	2.43	6	2.91	61	29.61	99	49.03	34	16.02
2.1 村落邻里关系和谐	0	0.00	9	4.37	51	24.76	114	55.34	32	15.53
2.2 村落居民友好程度高	3	1.46	4	1.94	59	28.64	101	49.03	39	18.93
2.3 乡村人居环境和谐	0	0.00	2	0.97	36	17.48	125	60.68	43	20.87
2.4 乡村有独特的风水文化	1	0.49	2	0.97	41	19.90	114	55.34	48	23.30
2.5 民俗文化氛围浓郁	1	0.49	15	7.28	66	32.04	95	46.12	29	14.08
2.6 主体空间商业环境良好	1	0.49	8	3.88	66	32.04	94	45.63	37	17.96
2.7 乡村历史文化感厚重	0	0.00	9	4.37	44	21.36	109	52.91	44	21.36
总计	24	0.68	157	4.48	853	24.36	1850	52.83	618	17.65

四、旅游意象维度感知

针对上述研究结论，本章即以游客的意象功能感知与意象心理感知为视角，根据表6-1和评价尺度(赋值－1～1)对两大维度的17项评价项目形容词对等级频次进行均值测度，绘制出了游客意象语义差异曲线图(见图6-1)。

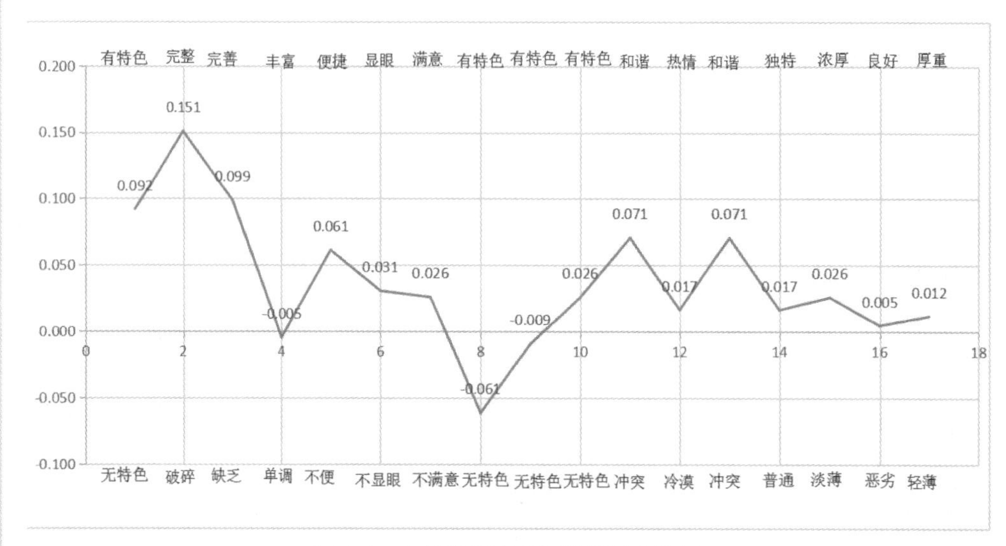

图6-1　乡村旅游意象语义差异曲线图

(一)意象功能感知

由图6-1可知，乡村意象功能感知评价项目的语义差异曲线值大部分位于正值区，这进一步表明游客对乡村意象功能感知的积极性较强。通过具体分析10项乡村意象功能感知评价项目，本章还得出以下结论。

第一，游客对乡村整体风貌、景区环境和基础设施的意象功能感知表现出了较完整、较整洁和较完善的态度。课题组对部分乡村游客开展了深度访谈，其代表性观点有：

“几年前我们来过婺源，那时县里的规模太小了，就是四处走走；周边的民居、商店什么的都破破烂烂的，没有什么规划。今年在电视上看到宣传，这次特意来重游一次。整个县都不一样了，变大了不说，乡村民居也整治规划了，整体感觉还不错。”

可见，婺源县以原有资源为基础，通过积极发展旅游业，重点对县内的民居和店铺进行整改，特别是对整个县进行了景观的协调与优化，提升了整个景区的美观程度，并在基础性设施建设方面也加大整改力度，促使乡村旅游者对乡村风貌、整体景观以及基础设施等乡村旅游吸引物的物质文化表征和旅游功能载体产生了较积极的意象功能感知。

第二，游客对乡村内、外交通便利性的意象功能感知分别表现出了中立和稍消极的态度。课题组对部分乡村游客开展了深度访谈，其代表性观点有：

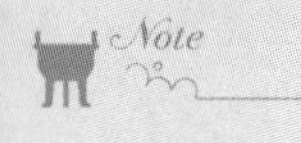

“从市区火车站或客车站到乡村这一路上只有公交、大巴车，还又挤又堵，太不

方便了，要是能增设专线就好了，倒是乡村周边和内部交通还可以，只不过没有什么特色的路线，个把小时就走完了。”

通过上述语义差异曲线值测度与对游客深度访谈观点分析可知，乡村外部交通的空间可达性与方式多元性仍显不足，成为制约乡村自由行市场规模化发展的主要障碍，而乡村内部旅游线路设计也较单一，在引导游客的旅游集散功能效应方面仍显不足，致使游客总体上对乡村交通便利性的意象功能感知表现出了稍消极的态度。

第三，游客对乡村饮食特色、娱乐活动、住宿满意度和购物特色的意象功能感知表现出了较显著、较丰富、中立和较不显著的态度。课题组对部分乡村游客开展了深度访谈，其代表性观点有：

“早就听说这里的特色小吃很不错，周末带老婆孩子特意过来体验这里特色美食，确实很好吃。”“镇里能住宿的酒店或者民宿倒是挺多的，条件都还可以，但是住下来过夜的不多。主要还是不太有吸引力，没有乡村文化的特色，再加上市区离得太近了，都去城里住了；另外，乡村晚上比较单调，又没有乡村夜景，留下来住的人不多。”“有些当地的特色活动也都还不错，我们都能参与体验，效果也较好；外地人来的也比较多；乡村主街道两边的街铺也经营一些娱乐项目，总体感觉乡村这块儿还行，但是乡村文化特色的体验项目还是偏少了点！”“说实话，乡村这边能买的特色东西真不多，而且外面随处都能买到，在这里吃过的东西，也不太好带，保质期也短，就不想再买走了；倒是想买一些纪念品，但找了半天也没有看到。”

通过上述语义差异曲线值测度与对游客深度访谈观点分析可知，饮食、娱乐、住宿和购物直接影响乡村旅游地产业链的生产与消费，也是乡村游客意象功能感知的重要商业元素。首先，地域性特色显著的饮食物质文化生产成为吸引乡村短程旅游消费市场的主导因素，但在一定程度上，这一单一业态的旅游发展模式也成为影响乡村中远程旅游市场消费行为的制约因素；其次，地域性特色较显著的乡村非物质民俗文化活动内容与类型均较丰富，游客参与体验的感知程度较高，但在其形式表征文化的内涵挖掘方面仍存在明显不足，因此乡村的物质与非物质文化的符号建构、形式表征与价值资本需进一步生产与增值，使其保护性开发更符合市场行为与价值需求；再次，乡村现有的住宿规模已基本能满足乡村旺季游客的最大阈值，且县城内外酒店与民宿的设施功能性条件也较好，但长期存在的乡村区位近邻市区、民宿文化单一、夜间产品缺乏三大制约因素致使乡村住宿闲置率较高；最后，乡村旅游产品的同质性较强而其地域特色性较弱，尤其是在旅游纪念品IP设计及其产业化经营方面仍较滞后，这在一定程度上不利于乡村旅游文化地方性的凸显及其产业品牌化的深度发展。

（二）意象心理感知

根据图6-1可知，乡村游客的意象心理感知评价项目的语义差异曲线值均落于小正值区，表明游客对乡村社会文化的意象心理感知大致呈中立态度。通过对7项意象心理感知评价项目进行分析，本章得出以下结论。

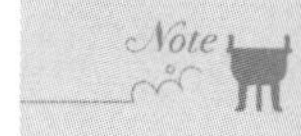

第一，游客对乡村居民友好程度和主体空间商业化环境的社会意象心理感知表现出了较冷漠和较失望的态度。课题组对部分乡村游客开展了深度访谈，其代表性的观点有：

“主街道上的商铺很多，大部分店铺还可以，但是也有一些本地人开的有强买强卖的现象，(我们)不买的话，他们还骂骂咧咧的；主街道两旁的街巷和民居大多也关着门，有开着的(民居)进去参观，也会被赶出去，所以感觉乡村居民对游客不太友好。”“之前我去过很多乡村旅游，感觉都有一个通病，就是乡村商业化比较重，特别是在乡村人流集中的街道上。乡村刚起步时还算好的，商业主街道两边的乡村‘味道’还保持着，实属不易，但是有些街道已经完全商业化了，除了一些当地特色小吃，卖的东西也都是同质化和标准化的，特色的(纪念品)几乎找不到，而且一路上太吵又有些脏。”

通过上述语义差异曲线值测度与对游客深度访谈可知，乡村的居民友好程度及其空间商业化环境是集中反映游客对乡村旅游社会环境的意象心理感知维度。一方面，乡村现处于旅游地生命周期的发展阶段，游客数量激增、外来资本涌入和政策制度推进促使乡村主街道的旅游飞地效应与其周边古街道和古民居群的空间不平等问题均较凸显，导致乡村居民参与旅游发展与旅游收益机会的经济微区位存在着明显差异，进而使游客对乡村居民友好程度的社会意象心理感知表现出了较冷漠的态度；乡村的社会变迁促使主街道的商业文化空间生产随之发生，特别是近年来乡村的面积扩张急速、市场规模井喷和资本过度增值等因素导致主街道商业空间生产方式与文化表征过于标准化与同质化，冲淡了主街道商业环境的原真性与地方性。

第二，游客对乡村文化氛围、乡村社会文化的意象心理感知依次表现出了较浓厚、较强烈和中立的态度。课题组对部分乡村游客开展了深度访谈，其代表性观点有：

“十几年前来过这里，街道民居古朴，周边街道和民居破损较严重。这几年搞旅游，除了某些街道现代商业文化太强外，乡村整个社会文化环境还算可以，不过也就是四处转转，印象也不是很深。”

通过上述语义差异曲线值测度与对游客深度访谈可知，乡村的文化氛围集中反映游客对乡村旅游文化环境的意象心理感知。一方面，乡村在对街道周边古民居与街道进行保护与整治时，重点对民居进行了恢复和修缮，同时分别控制街道周边文化空间的过度商业化和价值多元化，促使乡村文化氛围仍较浓厚；另一方面，清晰界定了乡村内外历史与现代的文化空间格局，使游客对乡村文化表现出了较强烈的感知。值得注意的是，在对乡村整体风貌进行保护与整治的过程中，虽乡村的文化得以被恢复和整理，但目前仍停留在对其进行静态化陈列与展示状态，极不符合游客体验的心理与休闲行为的个性化需求，加之上述游客有较消极的乡村社会意象心理感知，综合可见，游客对乡村社会文化的意象心理感知大致呈中立态度。

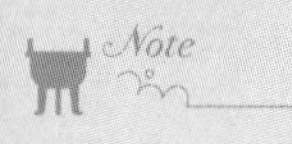

五、关于乡村旅游景观意象优化的措施

第一，优化旅游基础与公共服务设施环境，提升游客对乡村旅游设施的意象功能感知，重点对旅游基础与公共服务设施环境进行持续优化升级。加大对乡村内核心景区的修建与整治力度，持续对景区内破损严重的民居建筑进行景观修缮与设施优化。持续维护乡村能源供应、供水排水、交通运输、邮电通信、环保环卫和防卫防灾安全等旅游基础设施系统。

第二，全面探索与提升乡村内外旅游交通设施体系、公共服务与商业创新相结合的乡村旅游服务中心体系、物联网支撑下的乡村旅游管理和运营信息化设施建设体系、乡村夜间游娱服务设施体系等乡村旅游公共服务设施体系。通过上述措施系统性地优化乡村旅游基础与公共服务设施环境，以提升游客对乡村旅游设施的意象功能感知。

第三，重点对乡村主街道商铺及其周边古街道和古民居群的建筑立面、街巷空间和地标景观的空间品质进行品牌化建设，推进实施旅游综合体建设，构建乡村集住宿、娱乐和购物于一体的全时性与规模化的文化休闲业态群落，以提升游客对乡村旅游业态的意象功能感知。

第四，注重空间社会公正和文化的活化，提升游客对乡村旅游社会文化环境的意象心理感知。

第五，乡村政府或乡村政府委托第三方机构对乡村商业功能微区位的经济市场价值进行客观评估，合理分析乡村不同旅游利益主体的公共选择机制，根据公共场所、民居空间和资本区位等方面存在的差异及协调机制制定乡村空间生产与生活的社会交换与补偿制度，解决乡村主街道的旅游飞地效应与其周边街道和民居群的空间不平等问题。一方面，避免乡村街道商业空间生产方式与文化表征过于标准化与同质化的问题；另一方面，促使乡村的物质与非物质文化活态化的保护性开发更符合游客的市场行为与价值需求，以全面提升游客对乡村旅游社会文化环境的意象心理感知。

本章小结

本章以江西省婺源县为典型案例地，运用语义差别方法系统性地测度与分析了游客对乡村旅游地意象的功能感知与心理感知问题。结果表明，乡村游客的意象总体感知与其意象功能感知呈较积极态度，而乡村游客的意象心理感知则呈中立态度。具体而言，在游客意象功能感知中，游客对乡村整体风貌、景区环境、基础设施和内外交通便利性依次呈较完整、较整洁、较完善、中立和稍消极态度，而游客对乡村居民友好程度、主体空间商业化环境等文化意象的心理感知则依次呈较冷漠、较失望、较浓厚、较强烈和中立态度。

第七章

乡村旅游怀旧情感对游客忠诚度的影响

学习目标

1. 了解乡村旅游怀旧情感对游客忠诚度的影响研究背景与意义。
2. 了解关于怀旧概念的相关研究。
3. 了解乡村旅游怀旧情感对游客忠诚度的影响

第一节　关于乡村旅游怀旧情感对游客忠诚度的影响研究

一、研究背景

（一）大众普遍产生怀旧心理

随着工业化和城市化进程的加快，乡村地区经历了一系列从农业生产到旅游生产的功能性转移。在现代城市社会，快节奏的城市生活使城市居民开始追求乡村

的宁静和独特的景观。乡村逐渐转变成满足城市游客需求的旅游目的地。现阶段，政府和学者将当前这个时代的人称为“怀旧的一代”。这是一个前瞻和回溯的时期，人们对过去的怀念之情日益浓厚。这一背景使旅游业能够利用乡村地区优质资源，促进传统上被认为是单纯和乏味的独特的乡村吸引力。同时，相对而言，复制传统的乡村生活方式的意愿解释了对社会集体身份的传统追求。这符合Davis和Smith(1981)对怀旧的描述：“过去总比现在更稳定。”从历史角度而言，中国传统的归属观念是在以农村和社区为基础的社会环境中演变而来的，尤以依靠家庭合作生产的水稻种植和渔业的生存为例。农业过去的形象不仅代表了一个社区的理想结构，也代表了一个高水平的生活质量。在这种情况下，以怀旧为动力的旅游业的发展，不仅重新创造了过去以满足当前的需求，还通过弘扬和宣传中国传统文化特征和在全球化时代确认中国独特的文化价值而将现在与未来联系起来。

（二）国内旅游怀旧情感相关研究较少

怀旧是一种对过去所经历的实践、场景的重新思考，这其中包含着苦乐参半的情绪。一些学者强调怀旧情绪中的悲观意味，另一些学者则强调怀旧情绪中的积极因素。其中，积极情感体验大多表现为“忆苦思甜”，消极情感体验更多地表现为“怀古伤今”。此外，更多的学者将怀旧视为两种情感的交叉。随着怀旧情感多样性的发展，学者们对怀旧的研究也从最初简单的心理研究领域转向文化学、社会学等研究范畴，并且意识到怀旧情绪对人们日常生活的重要影响。其中，旅游研究领域中对怀旧情感的关注集中在特殊的旅游类型的研究上，例如体育怀旧旅游、复古风格的酒店或餐厅旅游、遗产旅游、电影旅游等形式。这正体现了近年来怀旧风气形式的多种多样。近年来，越来越多的人开始渴望体验原始的田园生活，喜欢重返乡村住农舍、吃农家菜，体验传统农事活动；在影视剧作品中，年代剧逐渐盛行；在时尚领域，越来越多的人追求复古风格。这些都表现出当代社会对重塑时代记忆、追求怀旧情怀的重视。人们对某一时代的怀旧不仅仅是怀念特定的个人或社会的成长阶段，更是怀念个体心理、情感层面的自我，怀旧是与历史对话和重新思考。当前，任何一个具有历史意义的元素都有可能引起人们的怀旧情感，大到一个具有时间意味的场景，小到一个复古包装的物件，并且这样引发的怀旧情感具有波动效应，能够产生大范围、全民性的共鸣。这种社会普遍心理转变的现象也是当下社会转型时期消费者行为的重要组成部分。使旅游者暂时逃离紧张快节奏的现代都市生活，回归田园般的宁静生活，重新找回对自我生活的掌控和主动权，回归简单的生活方式，体验质朴的环境，成为怀旧乡村旅游的重要方式和主题。

然而，社会化怀旧浪潮的兴起并没有在国内旅游学研究领域中得到充分关注，有关研究成果较少。此外对乡村旅游怀旧情感的影响因素以及怀旧情感与游客忠诚度间的作用机制仍未得到充分的实证检验，该领域仍值得进行广泛研究。

（三）“记得住乡愁”的乡村建设理念成为乡村旅游发展新契机

随着怀旧主题在旅游研究领域以及旅游开发领域中重要性的显现，国内不断出现以怀旧为主题的旅游景区。国外在怀旧主题旅游中多以博物馆旅游、遗迹旅游

等为主，近年来怀旧旅游在中国也如火如荼地发展，具有代表性的怀旧旅游形式有古镇旅游。中国传统的历史文化名城如南京、镇江、开封、洛阳、沈阳等都迅速地开发发展主题怀旧旅游，此外怀旧旅游的主题也按不同的历史时期分为民国主题、古风主题、知青主题、红色革命主题等。值得注意的是，近年来乡村旅游在国内迅速地发展。“望得见山、看得见水、记得住乡愁”，这种新提倡的生活方式代表了中国城市化的一条新道路。作为其中重要部分的乡村旅游成为农村发展的新动力，以怀旧为目的的乡村旅游已成为国内旅游市场的热门旅游类型。在这种情况下，国内旅游市场出现了大量以怀旧为主题的旅游景点，如四川雅安牛碾坪生态观光茶园、江西赣南村、陕西袁家村、重庆綦江区万隆村、福建培田客家古村等，深受众多旅游者的热捧。

当怀旧情绪成为社会大众一种普遍的心理状态，以及怀旧旅游成为一种潮流和趋势，旅游者越来越被具有历史气息、年代意味的旅游目的地吸引。这种情况下，我们有必要对怀旧旅游形式进行深入的探讨，尤其是乡村旅游语境中的怀旧情感研究。一方面，对参与乡村怀旧旅游游客的特征进行分析，可以促进对怀旧旅游在乡村旅游中类型和作用的认识和理解，以及进一步对旅游者在体验感知层面上的认识和理解。另一方面，通过了解旅游者对乡村怀旧旅游体验中的寄托和影响旅游者产生怀旧情感的因素，为相关类型景区和旅游目的地的规划发展提供实践建议。本章研究的重点问题主要体现为哪些因素更能触发旅游者的怀旧情感，不同的旅游者更容易被哪些怀旧因素影响，旅游者的怀旧情感和体验因素之间的关系如何，根据旅游者的怀旧情感特征如何为提升旅游者体验感提出相应对策。

二、研究意义

本章以国内外现有怀旧旅游相关研究为基础，以定量化的问卷开发和实地研究为技术方法，对国内乡村旅游游客特殊怀旧情感进行深入的剖析，构建了应用于中国乡村旅游地怀旧情感研究的范式问卷，从而对提出的研究问题予以解答。在理论上，本章研究拓展了怀旧旅游研究的范围，有利于对乡村旅游更深层次研究的展开；在实践上，本章研究有利于扭转乡村旅游开发者和经营者现有经营理念上的不恰当，为有效处理乡村旅游发展过程中的可持续问题、保护与开发问题、游客旅游体验感提升问题等提供可行的思路。

（一）丰富怀旧旅游研究的内容

国内外旅游学中有关怀旧情感的研究主要集中在新型旅游类型，如电影旅游、遗迹旅游、文学旅游、体育旅游、古镇旅游等，对于乡村旅游中怀旧情感及游客行为的研究还缺乏更深入的研究。在怀旧旅游实证研究方面，相关研究结论多出现在西方研究语境中，中国旅游语境下的怀旧研究，尤其是在中国乡村旅游研究中怀旧现象的研究还没有引起足够的重视，需要进一步深挖。本章引入社会心理怀旧观念，以促进对中国乡村旅游和乡愁的理解。通过测量乡村旅游者怀旧情感的影响因素，了解在乡村旅游环境中，游客对怀旧氛围的心理期许；同时通过探讨怀旧、感知价

值、满意度、忠诚度之间的关系，深入探讨乡村怀旧体验影响机制。此外，本章还探讨了如何让游客获得一次满意和难忘的乡村体验之旅。上述研究为中国乡村旅游情景下的怀旧问题研究提供了一套行之有效的解决方案，有利于丰富怀旧旅游研究的内容，拓展怀旧旅游研究的主题。

（二）提供参考与经验借鉴

本章从怀旧的角度探讨了我国乡村旅游发展背景下旅游怀旧现象的现状，在此基础上，探讨了怀旧情感在乡村旅游中的作用，并展示了基于怀旧情感的乡村旅游如何以可持续的方式发展。上述研究有利于为地方政府管理提供参考和经验借鉴，同时，可为乡村怀旧旅游的供给方和经营方提供参考。具体来说，本章通过对乡村旅游者怀旧情感影响因素及其影响机制的探讨，使得乡村旅游经营者在旅游规划、设计时认识到营造怀旧氛围的重要性，以便更有针对性地突出地方和景区的历史、传统文化，也可为地方怀旧旅游产品的生产提供参考。同时，研究结果还显示，乡村旅游经营者在生产怀旧体验产品、打造怀旧体验氛围时应充分考虑不同旅游者的不同需求，从而更有针对性地设计旅游产品以满足多元需求。

第二节　怀旧的概念及相关研究

一、怀旧相关研究

（一）怀旧的概念及其发展

1. 怀旧的概念

“怀旧”一词源于17世纪晚期。1688年瑞士医生Hofer首次将希腊语中的两个词根“nostos”（回家）和“algos”（痛苦）组合起来形成了新词“nostalgia”（怀旧）。从语义层面上，可以将由两个词根形成的新词“怀旧”理解成“渴望回到家乡的痛苦情感”。简单理解怀旧的内涵，实则是一种乡愁，一种对故乡的思念。

2. 怀旧概念的发展

由于“怀旧”一词产生的背景和领域，当时其更多地应用在医学领域，被认为是一种生理上的疾病。彼时远离家乡在外远征的瑞士士兵中间出现了例如晕厥、高烧、消化不良、胃痛甚至死亡的症状，人们将这种出现在在外征战士兵身上的疾病症状称为怀旧症状。同时，这种症状不仅出现在瑞士人身上，18—19世纪，人们在众多其他欧洲士兵身上也发现了类似的生理性疾病症状。这种将怀旧视为生理疾病的观点一致持续到20世纪初期，这一阶段学者们开始意识到怀旧不仅是一种病理现象，更是一种心理状态，因为生理上的症状一方面可能对身体机能产生影响，另一方面也会影响到人们的心理活动，如这些士兵因为思念家乡而产生忧愁、空虚、抑郁等影响身心健康的心理疾病。同时，有学者指出如果这种疾病状态持续发生可

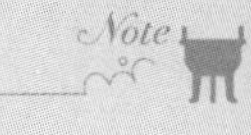

能会导致精神失常甚至死亡。由此可以看出，这个阶段学者对怀旧内涵的理解集中在心理学领域并且逐渐倾向将其定义为精神病症。例如，精神分析派学者把怀旧视为一种渴望回到婴儿期的潜意识，这种被压抑的强迫性混乱会产生强烈的不愉快状态。

20世纪中叶，西方工业革命发展给人们的日常带来了许多变革性的变化。随着人们生活方式和生活理念的变化，心理状态也随之发生变化。受社会环境变化的影响，对怀旧的定义也随之发生变化。学者们逐渐将怀旧定义从病理性的特征定义中分离出来，并开始意识到怀旧与初始定义的“思乡病”不同。例如Werman(1977)认为怀旧不同于思乡病，两者在最初的由来和相关的想象上都有所不同。思乡病是个体随着生活的变化，对自己家乡的思念而导致的心理问题或心理障碍。而怀旧的范围更宽广，它是个体对过去的渴望，这种渴望的对象也许是一件事、一个人或一个地方，它更多地与温暖的过去时光、快乐的童年等相关联。尤其是工业革命推进生活方式更加便利和高效的同时，这种机械化的重复性作业让人们开始希望通过某种媒介(事件、人、场景、经历等)与过去的美好时光和回忆建立联系，以便暂时性逃离当前的生活而重温过去的时光。值得注意的是，大众传媒在这个阶段的快速发展成为怀旧概念延伸并具有社会化意义的契机。以市场营销学为代表的研究领域和实体企业开始意识到怀旧心理不同于精神疾病的特征，怀旧心理可以成为构建现在与过去的桥梁，并对消费者心理产生重要的引导作用。

因此，怀旧的定义和内涵也逐渐受到例如管理学、社会学、历史学和人类学等学科学者的关注。其中，Holbrook和Havlena(1998)两位学者将怀旧定义为人们对过去的人、事和物所持有的一种偏好，这一定义被广泛接受和认可，成为非常具有代表性的定义。这个阶段对怀旧的相似定义还出现在众多学者的研究中。从相关定义中可以看出，这一时期对怀旧概念的认识普遍性地已经摆脱原有心理疾病或精神疾病的概念框架，逐渐定义为一种大众社会情怀。社会化层面意义上的研究拓宽了怀旧的内涵，一方面从不同的学科范畴极大地丰富了相关的怀旧研究，另一方面也使得研究怀旧心理具有更多的社会价值。相关研究成果对企业的品牌形象建立和传播、营销策略制定等具有现实指导意义。

现如今更多的学者将怀旧视为一种情绪体验。本章将这种研究倾向归纳成两大研究派系。第一种是“情绪体验”派，第二种是“行为体验”派。第一大派系的研究者关注怀旧的情感状态，并拆分这种情感体验中的不同情感因子。一些学者认为怀旧产生的初始场景是对故乡的思念，因此是一种可望不可即的痛苦体验；随后怀旧又成为一种想要摆脱现实压力的情感。因此，“情绪体验”派总体认为怀旧是一种负面的情绪体验。然而，也有部分学者强调怀旧情绪中积极的情感因子，并指出个人产生怀旧情绪的原因是怀念过去的温暖美好，怀旧是对过去美好时光的积极正向的情感体验。同时也有不少学者将怀旧定义为一种“苦甜参半”的情感，既肯定怀旧的伤感，也承认怀旧是一种“甜蜜的忧伤”。本章对怀旧的定义延续认为怀旧是一种喜忧参半的情绪体验，是个人为了获得满足怀念美好过去的愿望而对过去有选择性地重构或概念记忆的一种情绪体验。

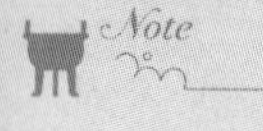

第二大派系的研究者则更多关注行为体验。基于Holbrook和Havlena等人的研究，学者们开始研究怀旧心理与消费者行为偏好的关系。Goulding(2001)又将怀旧从消费偏好扩大到消费体验的概念范畴。他认为尽管怀旧内涵已经脱离了病理的特征，但无法摆脱其心理特征，而且这种情感状态会对人们的行为产生一种推动力。人们因想念过往的美好，产生现今和过去的对比，这种落差的心理状态促使人们产生了一种想要摆脱现实"不悦"的行为倾向。

（二）旅游学中怀旧的定义

如前述所及，怀旧被普遍认为是一种对过去的渴望的情感状态。在旅游学研究领域中，学者试图探求怀旧旅游产生的逻辑。MacCannell(1999)指出许多旅游活动都是建立在异化的基础上，即如今人们对都市的快节奏生活感到异化，渴望过一种回归自然的简单生活，渴望乡村地区的生活方式以及地方历史。同时，旅游经营者不仅把过去看成一种经济资源、时间资源，同时也看成一种心理资源。旅行的过程即是旅游者自我探寻、自我对话和对话历史的过程。由此可以看出，旅游学中对怀旧的概念也延续这种定义，认为怀旧旅游是为满足大众怀旧需求，将怀旧内容和现代生活相结合开发怀旧旅游产品，以连接过去与现在关系的主题旅游。

具体来说，由怀旧情绪催生出的旅游类型多种多样，得到学者关注的怀旧旅游类型有体育旅游、遗产旅游、文学旅游、电影旅游、古镇旅游、乡村旅游等。

（三）怀旧的类型

怀旧的概念是从不同的角度发展起来的，因此怀旧也被分为不同类型。如前所述，怀旧被普遍认为是对过去的渴望。总体而言，怀旧作为一种情绪状态，有积极情绪和消极情绪之分。一些研究表明，当面临不满意的现在和不确定的未来时，怀旧唤起了人们对过去的积极评价。对于那些对过去有怀旧情绪的人来说，他们渴望某个理想化的过去或一个更好的地方，无论这个地方是想象的还是隐喻的(Bartoletti，2010)，这种心理状态能起到一种过滤器的作用，过滤负面的记忆而保留积极的记忆，从而促使人们积极地选择过去美好的一面以填补现在的空缺。Peters(1985)认为怀旧源于短暂的悲伤和欲望，而这深受当前环境的影响，在过去和现在的对比中，这种伤感的情绪加深了对过去的渴望和怀念。其他学者还指出，怀旧是对过去的某些方面的向往，这种向往情绪不是完全积极的，而是积极和消极情绪不成比例的结合。本章研究中没有对怀旧的类型进行明确的划分

（四）怀旧情感产生的方式

怀旧情感有两种产生方式：一是直接产生；二是通过历史遗迹、图片、照片、文章、电影或民歌等媒介间接产生。这种二分法符合Stern(1992)的观点，即怀旧可以分为个人怀旧和历史怀旧。前者被认为是对实际经历的过去的美好向往，后者指的是对遥远记忆的浪漫向往，甚至可以超越一个人的在世记忆，因此个人往往通过具有目的地属性的其他媒介体验并产生怀旧情感，这种对怀旧情感的体验方式也被一些学者引申为"lived nostalgia"和"learned nostalgia"。关于怀旧的唤起过程，Barto-

letti(2010)声称,时间距离和空间距离可以帮助理解这种怀旧情绪的本质。时间范围不仅限于个人对过去的真实记忆,而且还涉及像历史一样的共同记忆。后者是用一种浪漫的方式看待过去但没有亲身体验。同样地,空间距离允许人们亲自前往某个被怀旧符号充斥的地方,例如博物馆、怀旧主题餐厅、古镇或村庄等。

事实上,旅游语境中的怀旧研究呈现出一种渐进式分化转向。部分研究已经逐渐被吸引到对物质实体的怀旧化现象中,包括为游客提供怀旧体验的场所、物品等,还有学者则不断探索怀旧的精神因素。即使个体并不真正生活在某个历史时代,却能被激发对真实生活之外时间的感伤和渴望,这引起了学者们的研究兴趣。例如,学者们探讨博物馆展览和商业化物品对游客的影响,乡村旅游就是这样一种历史体验环境,它为游客提供了一种沉浸空间,让游客发现自己与欢乐的过去之间的联系。

二、怀旧情感与行为之间的关系研究

(一) 怀旧情感与满意度、感知价值和忠诚度的关系

相关研究者在乡村旅游研究中关注怀旧情感,认为乡村旅游目的地的情感投入不仅会形成个性化的记忆和依恋,还会影响游客对乡村旅游地的感知以及行为意愿。从消费者行为研究的角度看,本章的论点与上述观点是一致的。近30年来,消费者行为研究认识到情感在消费者行为中的主导作用,研究者通过相关研究发现现代消费者不仅试图从产品或服务的功能方面寻求满足,而且还在寻求特殊的体验。独特的消费者体验会影响消费者的记忆、满意度和忠诚度。

部分已有研究关注了怀旧情感和消费者行为间的联系,并表明有形和无形的刺激都能够唤起怀旧情感的产生。然而,尽管已有研究认识到了怀旧情感是影响消费者行为的重要因素,但对乡村旅游语境中的怀旧与游客行为之间的关系却很少关注。关于怀旧情感如何影响消费者行为,本章认为怀旧作为一种刺激物,驱使个人寻求某种方式以弥补过去的遗憾,从而影响游客对目的地特定属性的反应和认知并最终影响他们的忠诚度。Mohamad等(2013)利用整个旅行过程解释这种影响机制。在旅游前阶段,怀旧动机会影响游客的期望,并最终影响游客的选择和体验;在旅游过程中,游客通过体验和评价不断对其期望进行修正。此外,当游客对体验产生情感认知,并与他人讨论他们的个人经历时,感知就超出了最初体验的摄入阶段,这不仅会改变他们对目的地的感知价值,而且还会导致他们正向的满意度、感知价值和忠诚度,从而构建一个相互影响的循环。为此,本章旨在评估怀旧情感对后消费变量(包括满意度、感知价值和忠诚度)的影响。

(二) 满意度、感知价值与忠诚度的关系

已有大量的研究集中在满意度、感知价值和忠诚度的相互关系上。其中,感知价值和满意度是忠诚度的先导因素这一观点在文献中被普遍接受。忠诚度,可以理解为人的行为意象,已有研究中行为意向由两大因素构成:回购意图和推荐目的。然而,满意度和感知价值之间的关系在已有研究中也存在争论,主要集中在两者相

互影响的先导机制上，即究竟是满意度影响感知价值，还是感知价值影响满意度。Petrick(2004)将体验质量、感知价值和满意度之间的关系分为三个模型，即满意度模型、价值模型和质量模型。这三个模型中三个因素之间关系的传导机制分别是：质量影响感知价值，继而影响满意度(满意度模型)；质量影响满意度，继而影响感知价值(价值模型)；满意度和价值之间的关系不确定(质量模型)。大量实证研究证实了满意度模型，即感知价值对满意度产生正向影响。尽管许多研究都支持这样一种观点，即较高的感知价值水平往往会导致满意度的提高，这进一步又会影响忠诚度。

虽然有大量的理论研究关注旅游活动和怀旧旅游趋势，但很少有直接针对乡村怀旧旅游的实证研究。本章基于怀旧情感的视角探讨乡村旅游语境中怀旧情感与游客忠诚度的问题，试图将国际上广受关注的怀旧理论用于中国的乡村旅游实践，并进一步探讨怀旧心理激发游客产生前往乡村旅游地旅游的行为影响机制。此外，怀旧理论研究是当前旅游研究中的一个重要方向，本章研究力求直接和深入地探讨怀旧理论在解释乡村游客体验方面的效用。

三、乡村旅游与怀旧情感研究

近年来，乡村旅游视角下的游客怀旧情感研究逐渐引起旅游学界的关注。梳理文献可知，怀旧在游客与地方关系中扮演重要的角色。具有怀旧情感的游客倾向于寻找与过去有联系的并以多种形式呈现的对象，例如旧的建筑，用来重构地方和个人感受的情感连接。

国外研究倾向于把怀旧情感看作人们进行乡村旅游的一种动机，人们向往的是与都市不一样的乡村体验。例如 Murph 等(1999,2000)在研究乡村旅游者的出游动机时发现，人们希望感受乡村生活方式、体验乡村文化。Walmsley(2003)认为逃离都市的压抑是都市人前往乡村旅游的主要动力，城里的人渴望享受乡村的宁静风景。Rid 和 Ezeuduji(2014)通过案例地冈比亚的乡村旅游研究，确定了冈比亚四个不同的游客群体：遗产和自然寻求者、多重体验寻求者、多元体验和寻求者以及阳光和海滩寻求者。

在国内，针对乡村旅游与怀旧情感之间的关系，黄洁(2003)指出“乡土情结”是乡村旅游需求的根本动机，这种乡土情结又主要包括“土地情结”和“家情结”。龙玉祥(2009)认为古朴的乡村和现代化形成的文化距离产生了美的吸引力，人们追求心灵满足感，而这只有从过去的生活节奏中去找寻。尤海涛等(2012)认为乡村性与其所决定的乡村意象共同构成了乡村旅游的核心吸引力。秦红岭(2015)从审美角度认为乡愁怀旧既有愉快的部分又有忧愁的部分，带来的是一种美感体验。窦志萍等(2016)认为怀旧记忆基于人的情感产生，乡愁文化是乡村旅游目的地发展的重要资源。舒伯阳、马雄波(2016)在研究“回归”情感对旅游者消费体验的影响时，发现“回归”情感是乡村休闲旅游的基本情感诉求。陈晓艳、方婷(2018)在研究乡愁旅游动机时提到了乡愁情感记忆、乡愁民俗文化、乡愁生活体验三个维度。乡愁这一怀旧情感是重要的旅游动力，在乡村旅游中占据重要位置。

四、怀旧研究中存在的问题

怀旧研究已成为近年来国内外研究的热点之一,但有关旅游怀旧的研究成果相对较少,尤其是乡村旅游语境中的怀旧情感研究成果更少。在我国乡村旅游发展如火如荼的现实条件下,在怀旧社会化浪潮日益盛行的时代背景下,乡村旅游怀旧研究的重要性显得十分突出,并成为一个极具理论价值和实践意义的研究议题。整体上看,国内旅游怀旧研究仍存在一些需要进一步解决的问题,主要表现在以下几个方面。

(一)研究主题较单一

国外旅游怀旧的研究主题类型众多,包括体育旅游、电影旅游、文学旅游、美食旅游等,研究范围广泛,涉猎目标多样。相比较而言,国内旅游怀旧的研究主题较为单一,以古镇旅游为主,也有学者关注知青怀旧、大学怀旧等领域,但较少有涉及乡村旅游怀旧的研究。

(二)研究内容有待深化

国内旅游怀旧研究的核心内容大多集中在对怀旧概念的解析、怀旧特征的分析上,少有理论化的探讨和深入的实证研究,也很少涉及游客怀旧情感与选择行为的互动关系问题。

(三)研究方法有待集成

国外的旅游怀旧研究已经从早期的定性研究为主转向现在的定性与定量研究相结合,并注重融合多学科的研究方法。而国内对旅游怀旧的研究仍较多从心理学角度探讨怀旧心理的作用机制,以定性研究为主,且多为描述性研究,定量研究方法应用相对较少。尽管部分学者采用定量的访谈方式研究怀旧现象,但大多借用相对成熟的怀旧测量量表,并直接应用到旅游研究中加以验证,存在实际数据意义与测量方法不匹配的问题。

针对这些问题,本章从乡村旅游切入研究游客怀旧情感,选取“中国最美乡村”婺源篁岭为典型研究案例地,探讨在乡村旅游语境下游客怀旧情感、感知价值、满意度及忠诚度的关系。根据乡村的特性来确定测量关键因子,通过开发乡村旅游怀旧测量量表来确定游客的怀旧情感特征,并通过AMOS软件构建假设模型,分析其与感知价值、满意度和忠诚度之间的互动关系,为乡村旅游建设、发展及管理提供参考。

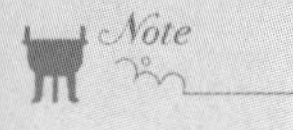

第三节　乡村旅游怀旧情感对婺源游客忠诚度的影响研究

一、案例设计

（一）案例地选取

本章以乡村旅游者为研究对象，选取江西省上饶市婺源篁岭乡村旅游地为研究案例地。主要原因如下：

1. 篁岭乡村旅游资源丰富，具有丰富的怀旧素材

篁岭地处江西省上饶市婺源县江湾镇，徽派古村落之一，是典型的村舍式乡村，民居围绕水口呈扇形梯状错落排布。篁岭建村于明朝中叶，有近600年的历史，数百座徽派古民居房屋依山而建，分散在海拔100米左右山坡的斜坡上。村庄梯田叠翠铺绿，村庄聚气巢云，被称为“梯云人家”。春天观油菜花海，夏天戏峡谷溯溪，秋天赏古村晒秋，冬天品民俗度假，游玩不受季节限制，一年四季都能享受到独具特色的旅游体验。整个篁岭村落古朴、典雅、庄重，既具有徽派古村落所拥有的灵性，又有紧凑的村落布局。篁岭除了有其非凡的风景外，还蕴含着丰富的人文和艺术元素，徽州古民居、徽州版画、木雕艺术、石雕艺术、砖雕艺术在全国都是独一无二的。

2. 篁岭是全国著名的乡村旅游地，具有研究的代表性

篁岭享有“中国最美乡村”“最佳乡村旅游目的地”等荣誉称号。2014年1月，“篁岭晒秋”——当地农民晒农作物的景观，入选“中国最美符号”。篁岭旅游创造了一个独特的“篁岭模式”和“篁岭样本”。

3. 篁岭乡村旅游者流量大且构成较复杂，具有主体怀旧研究的典型性

2017年，旅游高峰期间篁岭每天吸引2万多名游客。篁岭景区以著名的“晒秋”景观吸引了大批摄影师、游客。针对这些流量大、不同类型的游客群体，可以较好地探讨引发其怀旧情感的因素及其与感知价值、忠诚度的关系。

总体来说，篁岭具有极具地方特色的徽派建筑和民俗文化活动，这些优质旅游资源能够使人产生怀念家乡、向往乡村生活的情感诉求，地方农业生产活动和景象、当地居民传统的生活方式等情境也能引发人的回忆。因此，相对主要以单一旅游资源为吸引力的乡村旅游地来说，婺源的怀旧产物丰富多彩，怀旧的体验也更加多样。

（二）问卷设计

在参考相关文献的基础上，结合有关专家意见和前期预调查，对调查量表进行多次修正和完善，最终形成包括17个题项在内的正式调查问卷。

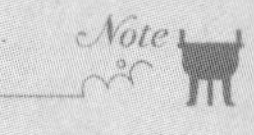

正式问卷包括游客怀旧情感量表、游客行为量表和游客基本信息3个部分，其

中，游客怀旧情感量表有6个题项，游客行为量表有11个题项（包括满意度、感知价值和忠诚度3个部分）。为了确保题项的表达符合中国国情，尤其是符合乡村旅游场景的设置，在预调查的基础上，邀请一组专家对量表的题项表达进行修正。随后，进一步对由此产生的题项进行讨论，加以精简和完善，以便确切符合怀旧情感的定义。根据Berddie（1994）关于量表使用的研究经验和对本章研究的实用性，本章游客怀旧情感量表和游客行为量表两部分以国际通用的李克特五级量表形式设问，每个变量以1～5量化分数为准，其中，1代表“非常不符合”，2代表“不符合”，3代表“一般”，4代表“比较符合”，5代表“非常符合”，通过量化分数能够比较直观精确地了解游客的感受程度。基本信息部分以单项选择、多项选择和填空的形式设问。

1. 游客怀旧情感量表

本章主要参考了Pascal（2002）、Holbrook（1991）等的问卷设计和变量维度，结合前期预调查，最终形成了包括历史怀旧和个人怀旧两个维度6个测量题项的游客怀旧情感量表（见表7-1），其中的自编题项根据实地考察获得。

表7-1 游客怀旧情感量表

测量指标	旅游感受	指标来源
历史怀旧	让我想起年轻的时候	Pascal, Sprott, and Muehling（2002）
	唤起我对过去的美好记忆	Pascal, Sprott, and Muehling（2002）
	让我想起祖先的事迹	自编题项
个人怀旧	让我想起过去的朋友	Holbrook, Schindler（1991）
	让我想起过去和家人在一起的时光	Holbrook, Schindler（1991）
	让我怀念过去同朋友们在一起的时光	Holbrook, Schindler（1991）

2. 游客行为量表

游客行为量表共有11个题项，见表7-2。

表7-2 游客行为量表

测量指标	表述项	指标来源
感知价值	在篁岭旅游让我忘却平时的烦恼和压力，心情放松、愉快	Chen and Tsai (2007) Ramseook-Munhurrun et al. (2015)
	篁岭的乡村风景优美，让我流连忘返	马凌、保继刚（2012）
	来篁岭旅游，与亲朋好友一起参加民俗活动，很开心，加深了我们的感情	Michael et al.(2000)
	与篁岭的美景相比，旅途劳顿不算什么	Sweeney et al.（2001）

续表

测量指标	表述项	指标来源
满意度	我在篁岭景区的游玩经历与我游玩前的期望相符	Woodside(1989)
	我在篁岭景区的体验与篁岭在宣传中所描述的体验相符	Woodside(1989)
	与其他乡村旅游地相比,我对此次篁岭旅行很满意	Lu, Chi, and Liu(2015)
忠诚度	我会推荐亲朋好友来篁岭旅游	Žabkar(2010)
	我会向亲朋好友积极宣传篁岭	自编题项
	我觉得我还会再来篁岭旅游	Cronin(2000)
	即使来篁岭旅游的花费水涨船高,我还会来篁岭旅游	Gronholdt et al.(2010)

3. 游客基本信息

游客基本信息部分包括游客的性别、年龄、受教育程度、收入等人口统计学特征变量,以及旅游信息获取渠道、旅游目的和旅游交通方式等信息。另外,还设置了"您是否有乡村生活的经历,如有请标注几年"问题,目的是了解乡村生活经历是否是游客产生乡村旅游怀旧情感的直接因素,以及随着乡村生活经历年限的延长游客对重返乡村地区旅游的情感动机是否有差别。

(三) 数据获取与分析方法

在开发量表过程中,通常使用与正式调查有关的样本进行预调查,这种调查方式可以帮助确定有问题的题项,最终保证数据的有效性。为此,本章采用探索性因子分析(EFA)方法对量表各部分进行细化,并确定相应结构的维度。

预调查通过在线问卷方式进行。在线问卷调查是利用互联网进行调查研究的一个卓有成效的领域,使用在线问卷调查能够接触到特定的人群,节省时间和成本,并能确保数据采集的广泛性。同时,智能化的问卷设计能够帮助参与者更好地理解和填写问卷。本章的研究对象是曾经前往乡村地区旅游的游客,根据以往的研究,这些游客在旅游后会对目的地产生一种特定的感受。为了确保参与预调查的参与者是去过篁岭的游客,他们首先接受了有关篁岭景区的问卷调查,只有给出正确答案的参与者才被允许进入下一步。这部分对132名参与者(61.39%的参与者年龄在16～65岁)完成了调查。

1. 数据获取

为保证旅游者怀旧情感及其旅游体验的真实性和时效性,本章采取随机抽样的方式于2018年6月23日—26日在篁岭风景区主要景点的出口以及周边餐厅进行了现场自填式问卷调查,并对部分游客进行了简单的采访。本次调查共收回问卷450份,其中无效问卷131份(包括不完整的问卷57份,超过8个选项相同的无效问

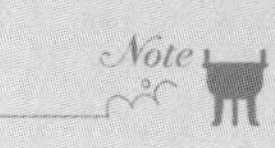

卷49份，不具备逻辑性的问卷25份），剔除所有无效问卷后剩下319份有效问卷，有效问卷回收率为70.9%。

2. 分析方法

本章以实证研究为主，主要采用问卷调查方法收集数据，用SPSS 20.0和AMOS 20.0软件对回收的有效问卷进行统计分析，分析中采用的具体方法如下。

（1）描述性统计分析：对问卷数据进行频率性描述统计分析。

（2）均值比较：对乡村旅游怀旧情感的特征进行研究时，采用均值比较法对不同维度的均值进行比较分析。

（3）Cronbach's α信度系数分析：用于问卷的信度检验和各潜在变量的内在质量检验。

（4）因子分析：在数据分析之前，首先对问卷进行结构效度校验，并利用因子分析萃取出怀旧情感测量的主要因子，为后期的结构方程建模做铺垫。

（5）独立两样本t检验、单因素方差分析：用于检验不同组别间是否存在显著性差异。独立两样本t检验用于检验组别只有两组的变量，而单因素方差分析可以用于检验组别有多组的变量。

（6）结构方程模型：一种估计和检验因果关系模型的多元统计技术方法，可用于研究乡村旅游怀旧情感和游客行为之间的关系。

二、样本特征分析

（一）样本的人口统计学特征

表7-3汇总了样本的统计性描述信息。其中，超过一半的受访者是男性（51%），超过一半的受访者受过本科及以上教育（52.9%），35岁及以下的受访者占总调查人数的51.4%。另外，据统计，样本中有64.3%的受访者生活在农村地区。在信息获取渠道方面，互联网、亲朋好友、旅行社等途径是大多数游客了解篁岭的主要途径，其中25.3%的游客曾多次到过篁岭。

表7-3　样本的人口统计学特征

类别	属性	个案数/个	百分比
性别	男	163	51.1%
	女	156	48.9%
年龄	16～25岁	91	28.5%
	26～35岁	73	22.9%
	36～45岁	63	19.7%
	46～55岁	54	16.9%
	56岁及以上	38	11.9%
学历	初中及以下	24	7.5%

续表

类别	属性	个案数/个	百分比
	高中或中专	73	22.9%
	专科	53	16.6%
	本科	129	40.4%
	硕士及以上	40	12.5%
职业	工人	18	5.6%
	农民	9	2.8%
	农民工	4	1.3%
	教师	25	7.8%
	医生	11	3.4%
	公务员	12	3.8%
	事业单位职工	65	20.4%
	企事业单位管理人员	25	7.8%
	个体经营者	9	2.8%
	自由职业者	33	10.3%
	学生	69	21.6%
	其他	39	12.2%
月收入	4000元及以下	116	36.4%
	4001～6000元	67	21.0%
	6001～8000元	43	13.5%
	8001～10000元	48	15.0%
	10000元及以上	45	14.1%
总计		319	100.0%

（二）样本的总体特征

对游客怀旧情感量表题项进行描述性统计分析，得到表7-4所示的结果。由于量表中的测量题项均为正向描述，均值得分越高，表示怀旧程度越高。表7-4统计结果显示，游客的乡村旅游怀旧程度均值大于中间值3，说明样本游客的乡村旅游怀旧程度较高。此外，每一个题项其偏度和峰度绝对值都小于3，说明每个题项都能够满足正态分布，样本数据可以用于乡村旅游怀旧情感在人口统计学变量上的差异分析。

表 7-4　游客怀旧情感量表描述性统计

题项	个案数/个	最小值	最大值	均值	标准偏差	偏度		峰度	
						统计值	标准偏误	统计值	标准偏误
1	319	1	5	3.3229	1.31482	−0.195	0.137	−1.140	0.272
2	319	1	5	3.4483	1.32572	−0.515	0.137	−0.883	0.272
3	319	1	5	3.3981	1.34403	−0.434	0.137	−0.988	0.272
4	319	1	5	3.3668	1.32950	−0.470	0.137	−0.975	0.272
6	319	1	5	3.4075	1.35635	−0.366	0.137	−1.187	0.272
6	319	1	5	3.4451	1.35608	−0.527	0.137	−0.998	0.272

（三）样本的差异性特征

以乡村旅游怀旧程度的均值为检验变量，上述个人特征变量为分组变量，进一步分析乡村旅游怀旧情感在人口统计学变量上的差异特征。其中，性别、有无乡村生活经历为二分类变量，采用独立样本 t 检验；年龄、学历、职业、月收入为三分类及以上变量，采用单因素方差分析。在差异分析之前要检验样本数据是否满足正态分布；如果方差分析显著，需要进一步采用事后 LSD 两两比较法进行差异性检验。

通过检验、整理，游客的乡村旅游怀旧情感在不同个人特征变量中的差异性不同。其中，不同学历和职业的游客在乡村旅游怀旧程度上均不存在显著的差异。不同的性别、年龄、收入和有无乡村生活经历的游客在乡村旅游怀旧程度上均存在显著差异。

1. 样本乡村旅游怀旧程度的性别差异

由表 7-5 可知，不同性别的游客在乡村旅游怀旧程度上存在显著性差异（p 值 <0.01），进一步通过均值比较可以得出，男性在乡村旅游怀旧程度上的得分显著高于女性，说明男性的乡村旅游怀旧程度均比女性高。

表 7-5　乡村旅游怀旧程度的性别差异

变量	性别	个案数/个	平均值	标准偏差	t 值	p 值
乡村旅游怀旧程度	男	163	3.5957	1.1222	3.065	0.0025
	女	156	3.2011	1.16839		

2. 样本乡村旅游怀旧程度的年龄差异

由表 7-6 可知，不同年龄段的游客在乡村旅游怀旧程度上存在显著性差异（p 值 <0.001）；进一步通过事后 LSD 比较可知，46 岁及以上年龄段得分显著高于 45 岁及以下年龄段，36～45 岁年龄段得分显著高于 16～25 岁年龄段，说明 46 岁及以上的游客怀旧程度较 45 岁及以下游客高，36～45 岁游客怀旧程度较 16～25 岁游客高。总的趋势是，年龄越大，乡村怀旧程度越高。

表 7-6　乡村旅游怀旧程度的年龄差异

变量	年龄	个案数/个	平均值	标准偏差	F值	p值	LSD (a=0.05)
乡村旅游怀旧程度	16～25岁	91	2.9927	1.26042	15.262	0.000	5,4>1,2,3 3>1
	26～35岁	73	3.0982	1.16194			
	36～45岁	63	3.3228	0.84652			
	46～55岁	54	3.9291	0.96735			
	56岁及以上	38	4.3158	0.81293			
	总计	319	3.3982	1.16102			

注："1"=16～25岁,"2"=26～35岁,"3"=36～45岁,"4"=46～55岁,"5"=56岁及以上。

3. 样本乡村旅游怀旧程度的收入差异

由表7-7可知,不同月收入的游客在乡村旅游怀旧程度上均存在显著性差异(p值<0.01)。进一步通过事后LSD比较可知:8000元及以上收入人群在乡村旅游怀旧程度上的得分显著高于6000元及以下人群,10000元及以上人群在乡村旅游怀旧程度上的得分显著高于10000元以下人群,6001～8000元人群在乡村旅游怀旧程度上的得分显著高于6000元及以下人群,4001～6000元人群在乡村旅游怀旧上的得分显著高于4000元及以下人群。总的趋势是,收入越高,在乡村旅游怀旧上的得分越高,说明收入越高,乡村旅游怀旧的程度就越高。

表 7-7　乡村旅游怀旧程度的收入差异

变量	月收入	个案数/个	平均值	标准偏差	F值	p值	LSD (a=0.05)
乡村旅游怀旧程度	4000元及以下	116	2.9095	1.18305	21.912	0.0015	4,5>1,2
	4001～6000元	67	3.2239	1.01881			
	6001～8000元	43	3.6551	0.97327			
	8000～10000元	48	3.9271	0.92875			
	10000元及以上	45	4.1074	0.81207			
	总计	319	3.3981	1.16102			

注："1"=4000元及以下,"2"=4001～6000元,"3"=6001～8000元,"4"=8000～10000元,"5"=10000元及以上。

4. 样本乡村旅游怀旧程度的学历差异

由表7-8可知,不同学历的游客在乡村旅游怀旧程度上均不存在显著性差异(p值>0.05),说明学历的高低并不会在怀旧程度上显示出明显差异,不同学历水平的游客产生的怀旧情感程度无显著差异。

表 7-8　乡村旅游怀旧程度的学历差异

变量	学历	个案数/个	平均值	标准偏差	F值	p值
乡村旅游怀旧程度	初中	24	3.3402	1.17779	0.921	0.4815
	高中或中专	73	3.5434	1.13153		
	专科	53	3.3176	1.09663		
	本科	129	3.3708	1.14656		
	硕士及以上	40	3.3625	1.32338		
	总计	319	3.3982	1.16102		

5. 样本乡村旅游怀旧程度的职业差异

由表7-9可知，不同职业的游客在乡村旅游怀旧程度上均不存在显著性差异（p值>0.05），说明职业的不同并不会在怀旧程度上显示出明显差异，不同职业的游客产生的怀旧情感程度无显著差异。

表 7-9　乡村旅游怀旧程度的职业差异

变量	职业	个案数/个	平均值	标准差	F值	p值
乡村旅游怀旧程度	工人	18	3.598	1.16092	0.5035	0.899
	农民	9	3.3334	1.42765		
	农民工	4	3.2917	0.89993		
	教师	25	3.2067	1.07665		
	医生	11	3.1364	1.22285		
	公务员	12	3.4091	1.24484		
	事业单位职工	65	3.5154	1.14924		
	企事业管理人员	25	3.3333	1.14922		
	个体经营者	9	3.3334	1.20813		
	自由职业者	33	3.4647	1.12839		
	学生	69	3.3889	1.18010		
	其他	39	3.3975	1.29428		
	总计	319	3.404	1.1554		

6. 样本乡村旅游怀旧程度的经历差异

由表7-10可知，有无乡村生活经历在样本的乡村旅游怀旧程度上也有显著性差异（p值<0.01）。进一步通过均值比较可以得出，有乡村生活经历的游客在乡村旅游怀旧程度上的得分显著高于无乡村生活经历的游客，说明有乡村生活经历的样本群体的乡村旅游怀旧程度比没有乡村生活经历的高。

表 7-10　有无乡村经历在样本乡村旅游怀旧程度上的差异性表现

变量	是否有乡村生活经历	个案数/个	平均值	标准偏差	t值	p值
乡村旅游怀旧程度	有	205	3.5450	1.11732	2.999	0.0035
	没有	114	3.1431	1.19138		

三、问卷信度与效度校验

本章利用SPSS 20.0软件，根据319份有效问卷数据，对量表不同维度的内部一致性进行信度和效度检测。

（一）信度检测

信度检测主要是检验所使用的量表在度量相关变量上是否具有稳定性和一致性。本章采用Cronbachs' α系数对问卷进行信度检验，该系数是最常用的内部一致性信度检验方法之一，Cronbachs' α系数值为0～1，一般认为Cronbachs' α系数值在0.7以上表明具有良好的信度。

在每个因子的信度方面，我们首先计算出了整个问卷的Cronbachs' α系数值，以及量表四个部分的Cronbachs' α的值，对其进行内部一致性信度检验。由表7-11信度检验结果可以看出，问卷整体的Cronbachs' α系数为0.888，包含的乡村旅游怀旧情感、感知价值、满意度、忠诚度这四个方面的Cronbachs' α系数分别为0.836、0.870、0.835和0.844，均大于0.70，说明问卷整体以及每一个维度的信度较好。

表 7-11　信度分析

因子	Cronbachs' α系数	题项数
游客怀旧情感	0.836	6
感知价值	0.870	4
满意度	0.835	3
忠诚度	0.844	4
问卷整体	0.888	17

（二）效度检测

表7-12显示以标准化形式表示系数的测量模型。本章构建了游客怀旧情感（6项）、感知价值（4项）、满意度（3项）和忠诚度（4项）四因子测量模型。每一个因子的组合信度（CR）都大于0.7、平均方差萃取值（AVE）都大于0.5，并且每个题项在其相应因素的标准化负荷系数都大于0.6，都在p值<0.001的条件下都具有很强的统计显著性。这可以说明，本研究的四个因子具有较好的组合信度和收敛效度，问卷设计的内在质量较好。

表 7-12　组合信度和收敛效度

因子	指标	非标准负荷系数	标准误	Z(C.R.)	p值	标准化负荷系数	组合信度	平均方差萃取值
游客怀旧情感	Nost3	1.000				0.756	0.827	0.614
	Nost4	1.091	0.084	13.017	***	0.818		
	Nost6	1.049	0.085	12.391	***	0.776		
	Nost11	1.000				0.851	0.847	0.650
	Nost12	0.958	0.067	14.379	***	0.799		
	Nost15	0.918	0.064	14.399	***	0.766		
感知价值	Pv1	1.000				0.898	0.874	0.635
	Pv3	0.878	0.054	16.201	***	0.763		
	Pv5	0.827	0.055	15.135	***	0.729		
	Pv15	0.881	0.053	16.787	***	0.788		
满意度	Sat1	1.000				0.801	0.838	0.634
	Sat2	1.052	0.072	14.574	***	0.838		
	Sat3	1.026	0.078	13.092	***	0.747		
忠诚度	Ba1	1.000				0.739	0.845	0.576
	Ba3	1.052	0.077	13.638	***	0.791		
	Ba4	1.000	0.083	12.013	***	0.732		
	Ba5	0.979	0.077	12.642	***	0.773		

注：*表示p值小于0.05，**表示p值小于0.01，***表示p值小于0.001。

表7-13中对角线上的数字为每个因子AVE值的平方根，各因子的AVE值平方根为0.581~0.797，而各因子间的相关系数绝对值为0.321~0.581，每一因子AVE值的平方根都明显大于这一因子同其他因子之间的相关系数，这说明四个因子之间具有较好的区别效度。

表 7-13　区别效度

因子	忠诚度	满意度	感知价值	游客怀旧情感
忠诚度	0.759			
满意度	0.545	0.796		
感知价值	0.534	0.356	0.797	
游客怀旧情感	0.514	0.3241	0.321	0.581

四、实证分析

（一）模型构建和假设条件

结构方程模型整合了因素分析和路径分析两种统计方法，同时检验模型中包含显性变量、潜在变量、干扰或误差变量间的关系，进而可以获得自变量对因变量影响的直接效果、间接效果或总效果，它是一种建立、估计和检验因果关系模型的多元统计技术方法。由于游客怀旧情感和忠诚度等变量的测量往往存在误差，与传统统计分析技术相比，结构方程模型的优势正在于对多变量间交互关系的定量研究，允许自变量和因变量含测量误差，并可通过显性变量和隐性变量之间的测量方程排除这些误差。因此，本章采用结构方程模型分析方法，使用AMOS 20.0软件进行分析，构建如图7-1所示的游客怀旧情感和选择行为关系的结构方程模型，来分析乡村旅游者怀旧情感和游客忠诚度之间的关系。

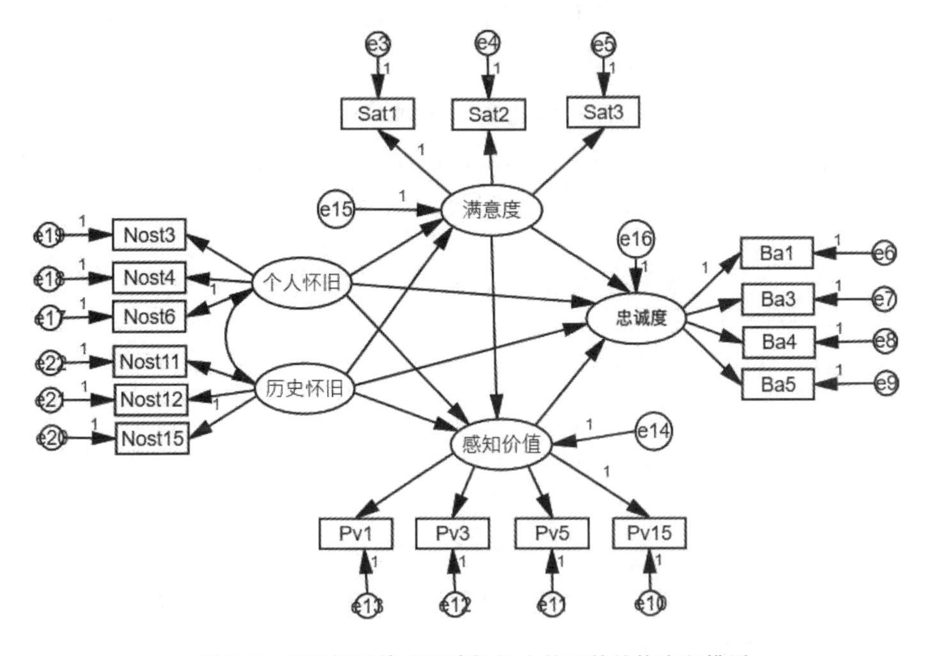

图7-1 游客怀旧情感和选择行为关系的结构方程模型

图7-1中，游客怀旧情感部分是一个二阶结构方程模型，其将游客怀旧情感的两个维度作为一阶变量来测量游客怀旧情感的整体情况，而各一阶变量又分别用各自题项的得分作为观测变量。另外，满意度和感知价值作为游客怀旧情感对忠诚度影响的中介变量，都用它们各自题项的得分作为观测变量。

根据图7-1的结构方程模型、前文的概念模型和对怀旧维度的划分，本章提出以下假设条件并进行验证：

（1）H1a：个人怀旧情感正向显著影响感知价值；

（2）H1b：个人怀旧情感正向显著影响满意度；

（3）H1c：个人怀旧情感正向显著影响忠诚度；

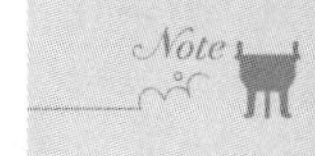

(4) H2a:历史怀旧情感正向显著影响感知价值;

(5) H2b:历史怀旧情感正向显著影响满意度;

(6) H2c:历史怀旧情感正向显著影响忠诚度;

(7) H3:满意度正向显著影响感知价值;

(8) H4:满意度正向显著影响忠诚度;

(9) H5:感知价值正向显著影响忠诚度。

(二)探索性因子分析(EFA)

探索性因子分析的目的是确定组成问卷的各个部分和题项,主要采用主轴因子分解和方差正交旋转来确定维度,所要达成的是建立量表或问卷的建构(结构)效度。这部分分析采用主成分分析法,并设定特征值大于1作为截取公因子的标准。运用最大变异法进行正交旋转,得到旋转因子矩阵,具体参照4个标准删减题目:①因子负荷小于0.60的题目;②在两个因子中载荷均大于0.40;③题目内容与公因子所要测得的构念不符。

同时,利用SPSS 20.0软件对问卷进行KMO和巴特利特(Bartlett)球形检验,来判别问卷进行因子分析的适切性,KMO值为0~1,如果问卷KMO值大于0.70,p值小于0.05,则问卷适合进行因子分析,如表7-14所示。

表7-14 KMO检验和Bartlett球形测试

KMO值		0.728
巴特利特球形检验	近似卡方	837.156
	自由度	136
	显著性	0.000

从表7-14可知,调查数据的KMO值为0.728,大于0.70,显著性概率小于0.001,说明该问卷适合进行因子分析。

经过27次正交旋转得到了稳定清晰的维度结构,删除了因子负荷小于0.60的题项共计13个,分别为Nost5、Nost8、Nost9、Pv2、Pv4、Pv6、Pv14、Ba8、Ba6、Pv7、Ba7、Bv10、Ba9;删除了存在双重负荷的题项共计6个,分别为Nost1、Nost2、Nost14、Pv16、Pv13、Ba2;删除了题项内容与公因子所要测量的构念或潜在特质不符(同质性不高)的题项共计8个,分别是Nost7、Nost10、Nost13、Pv10、Pv8、Pv12、Pv11、Pv9。得到了独立因子载荷大于0.60、共同度大于0.50的题项共计17个。探索性因子分析结果见表7-15所示。

表7-15　探索性因子分析

公因子	指标	成分					共同度	特征值	方差/(%)	解释贡献率/(%)
		1	2	3	4	5				
个人怀旧	Nost3				0.842		0.738	3.765	15.282	15.282
	Nost4				0.860		0.756			
	Nost6				0.785		0.659			
历史怀旧	Nost11					0.825	0.727	2.510	15.238	30.520
	Nost12					0.766	0.608			
	Nost15					0.802	0.682			
感知价值	Pv1		0.801				0.765	2.140	13.375	43.895
	Pv3		0.865				0.770			
	Pv5		0.743				0.577			
	Pv15		0.728				0.607			
满意度	Sat1			0.877			0.789	1.808	12.994	56.889
	Sat2			0.829			0.707			
	Sat3			0.873			0.775			
忠诚度	Ba1	0.805					0.665	1.549	12.355	69.245
	Ba3	0.843					0.718			
	Ba4	0.756					0.645			
	Ba5	0.723					0.583			

上述结果表明，综合方差的贡献率为69.245%，大于60%，说明本研究提取的5个公因子可以有效解释问卷的17个题项，实现了降维的目的。旋转后的每个题项的因子载荷均大于0.60，说明这些题项能够很好地落到所对应的公因子上。此外，每个题项的公因子提取率（变量共同度）都大于0.50，说明提取的公因子能够很好地反映每个题项的信息，因此提取的公因子是合适的。

从碎石图（见图7-2）中可以看出，从第6个因子开始特征值小于1，图像坡度线变得平缓，说明没有值得提取的特殊因子，这也说明更适合仅保留前5个因子。这个结论和因子的正交旋转结果一致。

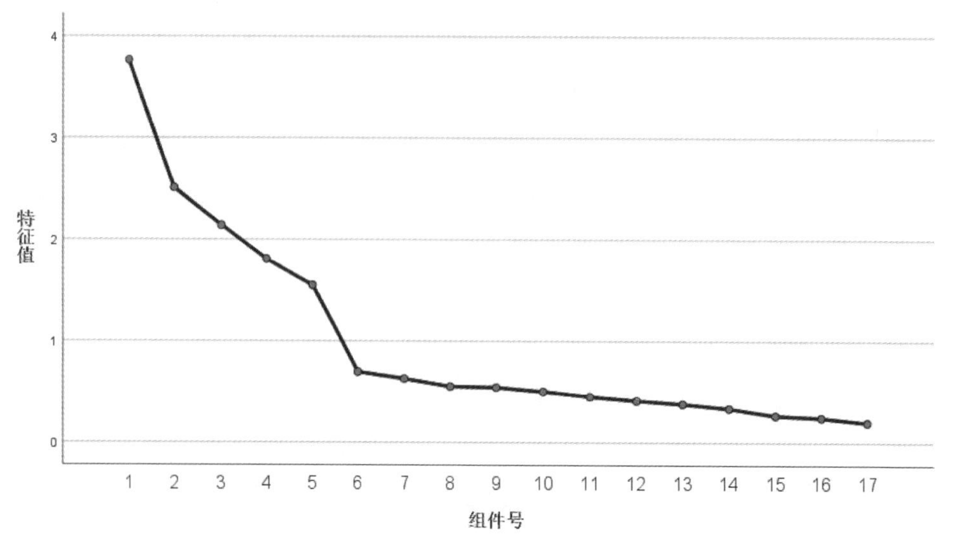

图7-2 碎石图

（三）验证性因子分析(CFA)

结构方程模型中有两个级别的模型：测量模型和结构模型。一般在进行结构模型的检验之前，要先进行测量模型的检验。为了根据探索性因子分析结论确认模型结构，并进一步发展和确认游客怀旧情感、满意度、感知价值和忠诚度的量表结构，本章应用验证性因子分析方法，证实了量表的可靠性和有效性。Fabrigar等(1999)的研究指出，探索性因子分析可以在初步研究中进行，以便为日后进行结构验证性分析提供研究基础。实际上，探索性因子分析常被用作描述、总结或调整数据，以便数据形式易于理解，而验证性因子分析则根据样本数据检验提出的有关假设，在研究中同时包括探索性因子分析和验证性因子分析使得研究更具有说服力。

1. 模型拟合优度检验

利用AMOS 20.0软件探索模型的拟合效果，确定了在满足验证性变量研究的测量问题后，概念框架之间的数据模型拟合和可能的关系。通过验证性因子分析，得到测量模型的拟合指标，从统计结果可以看出(见表7-16)，模型的p值没有达到理想值，但是p值容易受到样本量的影响，因此不能直接拒绝模型，需要参考另外的拟合指标。从另外的拟合指标可以看出，剩下的指标全都达到理想值，模型通过验证性因子分析，问卷具有较好的结构效度。表7-16中，模型的绝对配适度指数不理想，但增值适配指数NFI(0.948)、RFI(0.936)、IFI(0.988)、TLI(0.985)、CFI(0.988)值均大于适配标准0.90，简约适配指数PGFI(0.678)、PNFI(0.760)值均大于最低门槛值0.50。综合各种适配指数结果，模型的增值适配指数和简约适配指数都良好，总体上模型拟合良好。

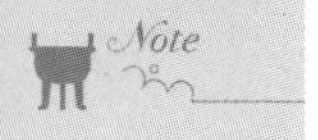

表 7-16　验证性因子分析拟合指标

指标类别	统计检验量	适配标准	检验结果数据	模型适配判断
绝对适配指数(AFI)	χ^2		140.430	
	df		109.000	
	p值	≥0.05	0.023	否
	SRMR	≤0.05	0.046	是
	RMSEA	≤0.08	0.030	是
	GFI	≥0.90	0.951	是
	AGFI	≥0.90	0.932	是
增值适配指数	NFI	≥0.90	0.948	是
	RFI	≥0.90	0.936	是
	IFI	≥0.90	0.988	是
	TLI	≥0.90	0.985	是
	CFI	≥0.90	0.988	是
简约适配指数	PGFI	≥0.50	0.678	是
	PNFI	≥0.50	0.760	是
	PCFI	≥0.50	0.792	是
	χ^2/df	≤3.00	1.288	是

2. 模型内在质量检验

在模型拟合的过程中，根据样本数据估计潜在变量间路径系数的参数系数，以验证是否能够建立假设模型。标准化路径系数反映了潜在变量的影响。路径系数越大，潜在变量间的相关性越强。从结论中可得出，所有路径显示为显著的正向影响（见表 7-17、图 7-3）。

表 7-17　假设检验结果的总结

假设	假设路径关系	估计值	S.E.	C.R.	标准化估计	p值	检验结果
H1a	个人怀旧→感知价值	0.145	0.068	2.148	0.144	0.032	接受
H1b	个人怀旧→满意度	0.145	0.067	2.165	0.152	0.030	接受
H1c	个人怀旧→忠诚度	0.267	0.057	4.674	0.281	***	接受
H2a	历史怀旧→感知价值	0.221	0.072	3.083	0.218	***	接受

续表

假设	假设路径关系	估计值	S.E.	C.R.	标准化估计	p值	检验结果
H2b	历史怀旧→满意度	0.315	0.069	4.584	0.327	0.002	接受
H2c	历史怀旧→忠诚度	0.196	0.059	3.322	0.206	***	接受
H3	满意度→感知价值	0.247	0.072	3.409	0.235	***	接受
H4	满意度→忠诚度	0.291	0.062	4.709	0.293	***	接受
H5	感知价值→忠诚度	0.260	0.055	4.693	0.277	***	接受

Degrees of freedom=140, χ^2/df=1.288, GFI=0.951, AGFI=0.932, NFI=0.948, IFI=0.988, TLI=0.985, CFI=0.988, and RMSEA=0.030

注: *表示p值小于0.05, **表示p值小于0.01, ***表示p值小于0.001

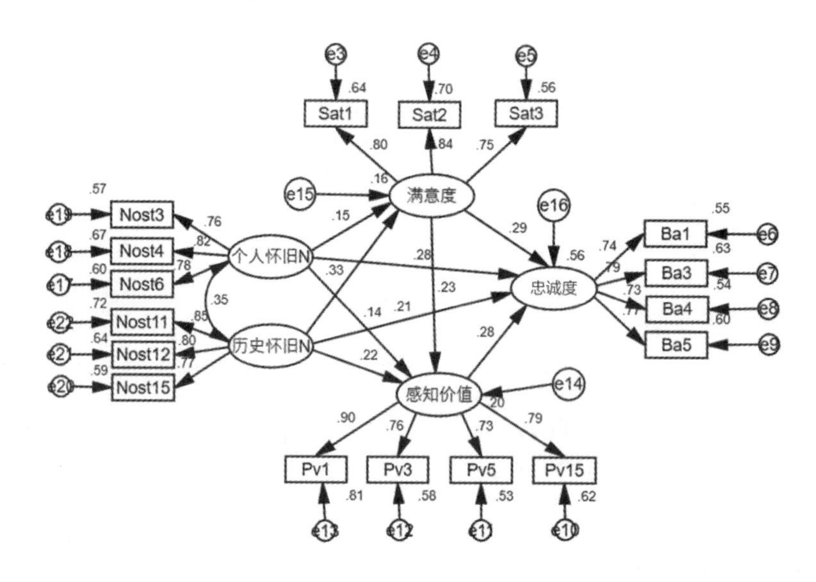

图7-3 游客怀旧情感和行为关系标准化路径分析图

(四)中介效应

为了检验中介效应,本章分别对直接效应、间接效应和总的中介效应都进行了估计。根据44%的忠诚度方差可以看出,满意度和感知价值对忠诚度有显著且直接的影响。满意度对忠诚度在0.560的水平上具有显著且间接的影响。综上所述,怀旧情感和忠诚度之间的关系是通过满意度和感知价值来进行中介调节的。表7-18显示了直接和间接的调节效果。

表7-18 中介调节效应

自变量	因变量	直接效应	间接效应	中介效应
个人怀旧	忠诚度	0.281	0.045	0.326
个人怀旧	满意度	0.152	0.000	0.152

续表

自变量	因变量	直接效应	间接效应	中介效应
满意度	忠诚度	0.293	0.000	0.293
个人怀旧	感知价值	0.144	0.000	0.144
感知价值	忠诚度	0.277	0.000	0.277
个人怀旧	忠诚度	0.281	0.040	0.321
历史怀旧	忠诚度	0.206	0.096	0.302
历史怀旧	满意度	0.327	0.000	0.327
满意度	忠诚度	0.293	0.000	0.293
历史怀旧	感知价值	0.218	0.000	0.218
感知价值	忠诚度	0.277	0.000	0.277
历史怀旧	忠诚度	0.206	0.235	0.441

五、研究结论和建议

（一）结论

在中国，大多数人都有在乡村生活的经历，或者家庭成员曾在乡村生活过，所以对大多数人而言，乡村都承载着某些特定的记忆。游客到乡村某地旅游，并被具有怀旧意味的景点唤起曾经的某种记忆时，游客的旅游体验会更好。游客若越认为乡村旅游蕴含怀旧成分，并在他们记忆唤起中发挥中心作用，他们对该地的情感感知和满足就越大。此外，得益于中国政府当下乡村振兴的发展政策，城乡之间的基础设施和服务质量差距逐渐缩小。游客能够在享受美丽风光和热情接待的同时，拥有优良的乡村旅游体验，这有利于游客感受到真实的、具有怀旧特色和高质量的旅游体验。同时，怀旧情感还能预测游客的未来忠诚度。游客在旅游过程中感受到的怀旧情感越大，越希望能在未来重游此地。此种行为不仅包括亲身重游，还包括向他人积极推荐和宣传。本章模型中变量之间的关系研究（满意度、感知价值和忠诚度）验证了以往相关研究结论。同时，在感知价值和满意度的中介作用下，怀旧情感对忠诚度的影响是间接而不是直接的影响。结果表示，怀旧情感对忠诚度的影响作用是通过感知价值的中介效应和对乡村旅游环境的满意度来认识的。特别的是，这个结论和Petrick（2004）提出的价值模型一致。在该模型中，满意度对感知价值产生正向影响而不是反向的影响效果。

本章研究发现：①个人怀旧对满意度、感知价值和忠诚度三个变量均有显著的正向影响。其中，个人怀旧对感知价值的直接影响值为0.144，对满意度的直接影响值为0.152，对忠诚度的直接影响值为0.281，通过感知价值和满意度的间接影响值分别为0.045、0.040。②历史怀旧对满意度、感知价值和忠诚度三个变量均有显著的正向影响。其中，历史怀旧对感知价值的直接影响值为0.218，对满意度的直接影响值为0.327，对忠诚度的直接影响值为0.206，通过感知价值和满意度的间接影响值

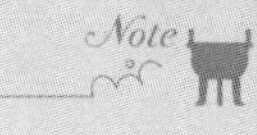

分别为0.096、0.235。③感知价值和满意度在乡村旅游怀旧和游客忠诚度关系中起中介调节作用。满意度在个人怀旧对忠诚度的影响关系中起到更强的中介作用(0.326);感知价值在历史怀旧对忠诚度的影响关系中起到更强的中介作用(0.441)。

(二)建议

1. 创设乡村怀旧场景,营造特色旅游空间

从乡村旅游怀旧的差异性分析可以看出,有乡村生活经历的游客比没有乡村生活经历的游客的怀旧情感程度更高。也就是说,曾经的经历使得游客面对相似的场景能产生更强的共鸣。

重温曾经的场景,寻求曾经的意义并找寻心灵的栖息地是游客进行乡村旅游的原动力之一。基于都市游客寻求怀旧情感共鸣,乡村旅游目的地经营者与管理者应把握游客的怀旧情感需求,以增强乡村旅游魅力为目的创设乡村怀旧场景、营造特色旅游空间,将乡村旅游地建设成游客怀旧情感的寄托地,从而真正实现乡村旅游地的文化价值、社会价值和生态价值。

2. 善用怀旧情感营销,提升旅游产品质量

前述研究结果表明,怀旧情感对忠诚度的影响中,满意度和感知价值起着重要的中介调节作用,而满意度和感知价值与乡村旅游产品质量密不可分。因此,地方旅游经营者和管理者不但要善用怀旧情感营销,还要坚持不断提升旅游产品质量,为游客提供有情感投射的、地方特色的高质量旅游产品,赢得游客的信赖。同时,在严格把控旅游产品质量的同时,还应该注重旅游产品的创新,即适当根据游客情感需求,不断增加新的旅游产品,如怀旧体验项目,以提高游客满意度。

3. 注重怀旧符号设计,形成旅游怀旧氛围

怀旧情感和游客忠诚度的关系研究表明,怀旧情感能够显著提高游客对乡村旅游目的地的忠诚度。因此,注重怀旧符号设计,形成乡村旅游怀旧氛围就显得尤为重要。

第一,建筑外观方面,注重怀旧符号设计,尽可能保持乡土风貌。已有建筑在保持原貌的基础上突出强调乡土特色,新建建筑尽可能采用当地天然材料并与周围环境保持一致。其中民宿是极具乡村特色的建筑类型,怀旧复古和田园风情的民宿很受游客喜爱,若加以原生态、童年记忆等卖点,对游客的吸引力就会很大。

第二,饮食方面,应突出地方菜特色,强调农家味,尤其是乡村地区无污染、纯天然的绿色食材配之简单的烹饪方法是乡村旅游的一大卖点。通过"曾经的味道"勾起游客儿时的记忆,加强怀旧情感迸发,从而让游客体验到乡村旅游目的地别样的情感盛宴。

第三,景区环境设计方面,在景区公共设施和环境的设计上,如游步道、标识牌、垃圾桶等,尽可能使用天然建筑材料并运用具有乡村特色的怀旧符号营造怀旧氛围,让游客行走在记忆中。

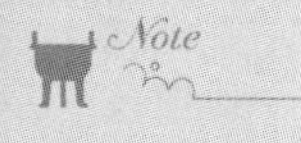

本章小结

本章在国内外旅游怀旧研究综述的基础上，开发了乡村旅游地怀旧情感测量量表，并提出了一系列假设。通过探索性因子分析、验证性因子分析和结构方程模型等统计分析方法对乡村旅游地游客怀旧情感及其与游客忠诚度之间的关系进行了实证分析，得到如下结论：

第一，游客的亲身经历是乡村怀旧情感产生的重要来源。相比没有乡村生活经历的游客来说，有乡村生活经历的游客更容易产生乡村旅游怀旧情感。游客对曾经生活过的乡村地区所持有的特殊记忆引发的乡村旅游怀旧情感，成为大多数游客重游乡村地区的动机。

第二，乡村旅游者怀旧情感由个人怀旧情感和历史怀旧情感两个维度构成。实证研究结果表明，个人怀旧情感与过去的人和物紧密相关，历史怀旧情感和过去的时光高度相关。

第三，乡村旅游者怀旧情感的特征差异体现在年龄、性别、职业等人口学特征上。其中，不同的性别、年龄、收入和有无乡村生活经历在乡村旅游怀旧情感上表现出明显差异。不同的学历和职业在乡村旅游怀旧情感上均不存在显著差异。

第四，乡村旅游怀旧情感与游客感知价值、满意度和忠诚度之间均存在正向关联关系。个人怀旧情感对感知价值、满意度和忠诚度均产生正面影响；历史怀旧情感同样对上述三个变量产生正面影响。

第五，乡村旅游者怀旧情感与游客忠诚度关系的中介效应体现在感知价值和满意度两个变量的调节作用上。满意度在个人怀旧情感对忠诚度的影响关系中起到更大的中介作用；感知价值在历史怀旧情感对忠诚度的影响关系中起到更大的中介作用。

第八章

乡村旅游地特色要素识别与评价

学习目标

1. 了解乡村旅游地特色要素的研究背景及意义。
2. 了解乡村旅游地的特色要素有哪些。
3. 了解并掌握识别乡村旅游地特色要素的方法。
4. 了解并掌握评价乡村旅游地特色要素的方法。

第一节　乡村旅游地特色要素的研究背景及意义

一、研究背景

随着我国经济转向高质量发展阶段，旅游业作为第三产业的重要组成部分，在我国社会经济发展中起到越来越重要的作用。《"十四五"旅游业发展规划》指出，旅游业作为国民经济战略性支柱产业的地位更为巩固。随着我国进入新发展阶段，我国社会主要矛盾发生变化，城乡发展不平衡、乡村发展不充分的问题日益凸显。而乡村旅游不仅是当前我国旅游业发展快、潜力大的新增长点之一，同时也对解决乡村经济发展问题、推进乡村振兴战略具有重要意义。

近年来，国家不断出台鼓励政策，积极推动乡村旅游地的建设与乡村旅游业的发展。乡村旅游快速发展的热潮在全国各地兴起。然而，部分地区由于盲目迎合政策、缺乏发展经验、资本过度涌入等原因，乡村旅游地的建设逐渐出现了定位模糊、同质化严重等问题。大量低水平、同质化的乡村旅游地的建设不仅无法为乡村带来预期的经济效益、助力乡村振兴，反而可能造成乡村发展的停滞甚至倒退，乡村旅游地同质化难题亟待破解。

江西婺源自然景观良好充足，文物古迹保存完好，历史文化富有特色，被誉为"中国最美乡村"，是我国乡村旅游地开发的典型代表，具有研究价值。本章将从乡村旅游地特色发展的视角切入，基于文本大数据分析识别乡村旅游地的特色要素，构建特色要素的识别与评价体系，为乡村旅游地摆脱同质化困境提供借鉴参考和创新思路。

二、研究意义

（一）理论意义

有关乡村旅游的研究，从相关概念的界定到对发展问题的剖析与应对，都随着乡村旅游业的发展而不断细化，并拓展到更多的领域和方面。当前，乡村旅游的特色发展问题成为国内外学术界的热点研究主题之一，乡村旅游地特色要素挖掘的重要性得到了国内外学术界的广泛认可。

然而，当前涉及乡村旅游特色要素识别方面的研究相对较少，相关研究构建的方法以及使用的数据相对陈旧，且主要集中于宏观层面，缺乏针对乡村旅游地特色要素识别评价方法的案例分析。相比其他类型的旅游目的地，乡村旅游地的特色要素具有种类多、内涵丰富的特点，识别特色要素更为困难，本章将从乡村旅游地特色发展的视角，探讨特色要素的识别与评价研究指导乡村旅游地实践的可行性，对乡村旅游地特色发展的研究深度和广度具有拓展作用。

（二）实践意义

本章选取具有典型代表性的江西婺源乡村旅游地为案例，开展实证研究，构建特色要素识别方法，探讨特色要素优势度评价方法，检验相关识别与评价体系在乡村旅游地的可操作性及应用价值，讨论乡村旅游地特色发展的客观实际与主观决策的匹配程度，为乡村旅游地摆脱同质化困境、推进特色发展的实践提供技术支持，同时也为其他地区乡村旅游地特色发展路径的探索与决策提供借鉴。

第二节　国内外特色要素文献综述

早期国内有关特色要素的研究在文化景观基因的识别研究中有所涉及。刘沛林等（2010）借鉴生物学理论，提出传统聚落文化景观基因的概念，并对文化景观基

因要素开展了识别研究。胡最等(2015)在此基础上完善了传统聚落景观基因的识别与提取方法的构建,为有关特色要素研究的深化和拓展奠定了坚实的基础。随着国家大力支持乡村旅游的发展,乡村旅游地的特色发展路径更加受到学术界的关注。闵忠荣等(2018)以江西省建制镇类特色小镇为例开展了实证研究,构建了旅游地特色化建设和规划的评价体系。杨秀等(2018)从旅游地自身资源禀赋的角度探索了旅游地特色化建设和规划方法。吴一洲等(2016)则基于特色小镇发展水平评估框架归纳,构建了特色水平评价指标体系,推动了有关旅游地特色要素评价体系逐渐走向成熟。

国外学术界对特色要素的关注相对较少,在相关研究中,以资源禀赋特色显著的旅游地为研究对象,从城乡一体化发展的角度,探索特色旅游业的开发模式和路径的研究较多,如Horlings(2016)、Halfacree(2007)、Gaibov等(2011)分别从场所塑造、文化转向和本土化的不同角度对特色旅游业的培育与开发进行了研究。Csurgó等(2015)基于农村小区块的符号化过程分析与意象构建,提出"符号化—制度化—市场化"逻辑框架,为场所塑造与特色塑造提供了一套相对系统的研究思路。

目前,乡村旅游特色发展的必要性以及特色要素研究的重要作用已经得到了国内外学术界的广泛认可。然而,当前涉及特色要素识别方面的研究相对较少,缺乏针对特色要素识别方法的理论构建与案例分析,以及对识别出的特色要素进行进一步的特色要素优势度评价和探讨;特色要素识别与评价的方法以及使用的数据相对陈旧,且主要集中于宏观层面,与针对某类地理要素的识别与评价的研究方向有所偏差。此外,针对乡村旅游方面的特色要素研究也有待完善。

第三节　婺源乡村旅游地特色要素识别与评价

一、案例地选取

为保证研究结果在指导乡村旅游地特色发展的实践中具有可操作性和现实意义,实证研究案例地的选取应当具有典型代表性。

婺源县地处江西省和安徽省的交界处,属于徽州文化区,历史悠久,人文景观旅游资源丰富,文物古建保存相对完好。同时,婺源也是全国唯一一个以县为单位命名的国家3A级旅游景区,自然景观旅游资源具有种类多、质量高、分布广泛的特点。此外,婺源的旅游目的地类型以乡村旅游地为主,各具特色的传统村落广泛分布在婺源县域全境,自然风光、文物古建、传统工艺、风俗节庆一应俱全,被外界誉为"中国最美乡村",是国内乡村旅游地的典型代表。

为获取全面充实的数据,本章选取并采集婺源县内多个乡村旅游地的相关数据开展实证研究,但由于婺源县内乡村旅游地数量繁多,需要对其进行进一步筛选。

从乡村旅游地的发展水平和代表性的角度看，通过文化和旅游部、农业农村部等国家机构的严格评选，入选全国乡村旅游重点村、中国美丽休闲乡村等名录的乡村旅游地，具有较高的权威性和认可度。因此，本章通过查阅相关资料，从文化和旅游部、农业农村部、住房和城乡建设部、国家文物局、财政部、婺源县人民政府等官方门户网站中，获取全国乡村旅游重点村、全国乡村旅游重点镇（乡）、中国美丽休闲乡村、中国历史文化名村、中国传统村落、国家A级景区等相关名录，并筛选出其中属于婺源县的入选地，共收集到全国乡村旅游重点村6个、全国乡村旅游重点镇（乡）1个、中国美丽休闲乡村3个、中国历史文化名村7个、中国传统村落30个、国家5A级旅游景区1个、国家4A级旅游景区13个。去除重复入选的村落和已被下辖的村落（如栗木坑村下辖篁岭村）、非乡村旅游地型景区以及部分旅游开发程度极低的传统村落，共选取14个乡村旅游地作为本次实证研究的案例地。

二、数据收集

1. 各类名录、数据资料

全国乡村旅游重点村、全国乡村旅游重点镇（乡）、中国美丽休闲乡村、中国历史文化名村、中国传统村落、国家A级旅游景区、全国重点文物保护单位等各个名录来自文化和旅游部、农业农村部、住房和城乡建设部、财政部、国家文物局以及各级人民政府官方门户网站。非物质文化遗产名录来自中国非物质文化遗产网官方网站。

各乡村旅游地所属行政区划、人口、GDP等数据来自住房和城乡建设部村镇建设司和各级人民政府官方网站。

2. 网络游记文本数据

网络游记文本数据来自国内具有代表性的在线旅游服务网站携程网，检索“婺源”关键词后，使用八爪鱼采集器在携程网有关婺源的游记搜索结果中爬取文本数据。共采集到婺源游记562篇，去除重复文本2篇、无关游记4篇、视频游记7篇、图片游记4篇、广告推送1篇，初步得到544篇约115万字的游记文本数据。

三、数据处理

（一）人工资料查阅

人工查阅各级政府官方网站、各景区景点官方网站、在线旅游服务网站等，获取已选取的乡村旅游地的自然风景旅游资源和人文景观旅游资源，整理后得到这些乡村旅游地的自然要素类与文化要素类特色要素。

（二）网络游记文本数据处理

在如今的互联网时代，以在线旅游服务网站为代表的各类旅游网站中承载着大量旅游地和游客信息大数据，是相关研究中获取信息的重要途径。游客撰写的游记、攻略和点评是游客对旅游目的地主观认知的表达，其中含有大量由游客感官获取的有关旅游目的地的各种要素信息，样本庞大，来源广泛，数据更为全面和完善。

运用软件对具有代表性的在线旅游服务网站中游客撰写的游记、攻略和点评的文本数据进行深度挖掘，也可以作为识别乡村旅游地特色要素的有效手段，以补足人工查询可能存在的遗漏。

本章从携程网获取相关游记文本数据，使用八爪鱼软件获取有关婺源的游记文本数据。为保障后续文本分析的准确性，继续对软件采集到的数据进行人工筛选。

首先，去除其中旅游网站推送的广告、重复率过高的游记以及文本量极少的图片游记和视频游记。其次，提取其中提到本章所选案例地的游记，去除其中与旅游目的地明显无关的文本内容。最后，对包含多个乡村旅游地景区景点的游记文本内容以乡村旅游地（主要以村落）为单位进行分类归纳，得到各个乡村旅游地的文本数据（见表8-1）。

表8-1　网络游记文本数据统计表

乡村旅游地	网络游记	
	采集篇数/篇	采纳篇数/篇
思溪村、延村	107	104
栗木坑村（含篁岭村）	310	304
源头村	11	8
汪口村	84	81
理坑村	39	35
李坑村	154	152
晓起村	91	89
考水村	11	6
庆源村	47	45
严田村	66	62
西冲村	4	2
虹关村	24	19
江湾社区	147	143

注：重复计入文本内容包含多个乡村旅游地的游记。

使用ROST CM6.0软件对筛选归纳后得到的各个乡村旅游地的文本数据进行分词和词频分析，并对分析结果进行处理，去除量词、指示代词、无关人名和地名以及其他与案例地明显不相关或完全不体现特色要素的词语。

探索乡村旅游地特色化发展路径，离不开乡村旅游地本身具有的特色旅游资源，因此必须首先开展特色要素的识别工作，从多角度、多渠道全面而严谨地对乡村旅游地拥有的各类旅游吸引物进行收集、整理和分析，判断该乡村旅游地是否具备特色要素、具备哪些特色要素。确定乡村旅游地具备特色要素，在对其具备的特色要素进行正式开发之前，还应当开展进一步的评价工作，判断这些特色要素的优

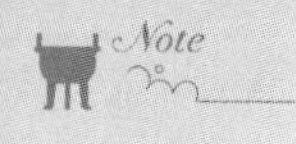

势度和可开发性。

四、结果分析

（一）特色要素识别

乡村旅游的旅游吸引物具有乡村性的特征，选择乡村旅游的游客的需求主要集中在对原生态的自然景观的欣赏，以及对当地乡村民情、礼仪风俗的体验。因此，结合乡村旅游地的特性特征，本章将乡村旅游地的特色要素分为两大类——自然要素类和文化要素类，进行差异化构建。

其中，自然要素以及文化要素中比较显性的部分可从各级政府官方网站、各景区景点官方网站，以及国家权威部门编著的《中国旅游景区景点大辞典》等工具书中直接查阅得到。其中，历史资源、文化资源也可从中国非物质文化遗产网等相关官方网站中辅助识别。此外，携程、马蜂窝等国内具有代表性的在线旅游服务网站中对相关乡村旅游地的概述与介绍可以作为要素识别的补充，以兼具权威性和全面性。

通常词频排名前20的词汇较能集中体现游客对目的地高度关注的元素，因此，本章使用ROST CM6.0软件统计乡村旅游地词频数排名前20的词汇，识别其可能具有的自然要素和文化要素（见表8-2）。

表8-2　自然要素类及文化要素类特色要素识别结果

乡村旅游地	自然资源类	自然景观类	历史资源类	文化资源类
思溪村、延村	—	油菜花田	明清古建	徽州三雕、儒商文化
栗木坑村（含篁岭村）	—	油菜花田、梯田	徽派建筑	晒秋
源头村	古树资源	油菜花田	朱熹故居	—
汪口村	—	—	传统建筑	儒商文化、历史名人等
理坑村	—	—	明清古建、官宅	傩舞、抬阁、串堂班等
李坑村	—	—	明清古建	傩舞、米酒、特色美食等
晓起村	千年古樟、红豆杉、菊花	千年古樟、菊花景观	明清古建	樟木工艺、皇菊加工等
考水村	—	油菜花田	—	明经胡氏
庆源村	云雾茶	油菜花田	—	竹制品
严田村	—	严田巨樟	—	李姓名人
西冲村	—	—	古建筑	—

续表

乡村旅游地	自然资源类	自然景观类	历史资源类	文化资源类
虹关村	—	千年古樟	明清古建	徽墨
江湾社区	—	—	明清古建、萧江宗祠、伟人故里	豆腐架、傩舞、板龙灯、歙砚等

本章基于对网络文本分析，以及相关景区景点官方网站的资料得到的结果，识别14个乡村旅游地中最具有竞争力的特色要素，并按照自然要素和文化要素分为两大类，对每个大类进行二级分类，并在每种类别中分别选取最具有竞争力的特色要素。当同一乡村旅游地识别出多个相同类别特色要素时，最多选取5个要素作为该乡村旅游地特色要素的识别结果。在自然要素类及文化要素类特色要素识别结果中(见表8-2)，各案例地中识别出的特色要素一般以软件输出文本表示，后续研究中将如“传统建筑”“古建筑”“明清古建”等实际上无明显差异的特色要素视为同一种特色要素。

经过词频分析和人工筛选，本章对江西婺源14个乡村旅游地识别出了两大类四小类共23种43个特色要素，具体如下。

属于自然资源和自然景观类的特色要素有：思溪村、延村、栗木坑村(含篁岭村)、考水村、庆源村的油菜花田景观；栗木坑村(含篁岭村)的梯田、晒秋景观；源头村、严田村、晓起村、虹关村的古树景观(古树资源)；庆源村的云雾茶；晓起村的菊花景观。共6种10个。

属于历史资源类的特色要素有：思溪村、延村、栗木坑村(含篁岭村)、西冲村、汪口村、理坑村、晓起村、李坑村、虹关村、江湾社区的明清古建(或徽派建筑、传统建筑等)；源头村的朱熹故居；江湾社区的萧江宗祠。共3种12个。

属于文化资源类的特色要素有：思溪村、延村的徽州三雕；思溪村、延村、汪口村的儒商文化；汪口村、考水村、严田村的历史名人；李坑村的米酒、特色美食；理坑村、李坑村、江湾社区的傩舞；理坑村的抬阁、串堂班；晓起村的樟木工艺、皇菊加工；虹关村的徽墨；江湾社区的板龙灯、豆腐架、歙砚工艺。共14种21个。

(二)特色要素评价

由于乡村旅游地普遍具有人口规模小、劳动力资源有限、经济水平发展落后、资金不足等客观问题，一般无法支持对多种或全部的特色要素进行培育和开发，且过多特色要素的开发可能会钝化乡村旅游地整体的特质，不利于乡村旅游知名度和品牌的营造，阻碍乡村旅游地的特色化发展。因此，对乡村旅游地的特色要素的识别完成后，应当对识别出的特色要素进行优势度的评价。

特色优势度指将乡村旅游地的某一种特色要素与其他同类型的要素进行对比得出的这种要素的优势程度。比如自然资源的规模大小、稀缺程度、生态状况，历史文化资源的传承时间、保护完好程度等。然而，乡村旅游地的特色优势度影响因素繁多，且没有统一的评价标准，难以量化，此外，乡村旅游地自然景观的面积与开发

规模等数据也难以获取，因此需要构建其他方法作为评价指标。

国家A级旅游景区评选等评优工作，是旅游目的地特色要素优势度的直观反映，可以将景区级别作为评价旅游目的地特色要素优势程度的重要指标，如乡村旅游地是否入选风景名胜区、是否入选非物质文化遗产名录等，入选评优名录的乡村旅游地，其特色要素显然具有较高的优势度。本章根据某一种特色要素是否入选评优名录，以及入选评优工作的级别，对该要素进行赋值打分，并进行县域同类别横向比较，获得优势度。

首先查阅相关的评优工作，依据评优等级、评优单位级别等，列出特色优势度赋分表（见表8-3）。依据赋分表对识别出的自然要素类及文化要素类特色要素进行赋分，同时对县域内其他小城镇进行同类要素的赋分，对比得到14个乡村旅游地所有特色要素优势度得分的排名情况，即优势度评价结果（见表8-4）。

表8-3　基于评优名录的特色优势度赋分表

入选名录	优势度得分
国家3A级旅游景区	30
国家4A级旅游景区	40
国家5A级旅游景区	50
国家级非物质文化遗产	40
中国历史文化名村	30
全国重点文物保护单位	40
省级非物质文化遗产	20
中国传统村落	30
中国美丽休闲乡村	30

表8-4　特色要素优势度评价表

乡村旅游地	特色要素	优势度排名	其他说明
思溪村、延村	徽州三雕	1	
	儒商文化	1	
	明清古建	1	
	油菜花田	2	
栗木坑村（含篁岭村）	油菜花田、梯田景观	1	
	徽派建筑	1	
	晒秋	1	
源头村	古树资源	1	
	朱熹故居	1	
汪口村	传统建筑	4	

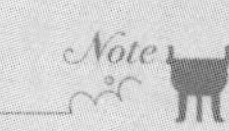

续表

乡村旅游地	特色要素	优势度排名	其他说明
理坑村	儒商文化、历史名人等	1	
	明清古建	—	
	傩舞、抬阁、串堂班等	3	
李坑村	明清古建	4	
	傩舞、米酒、特色美食等	2	
晓起村	古树资源	2	
	菊花景观	1	
	明清古建	—	
	樟木工艺、皇菊加工等	2	
考水村	油菜花田	3	旅游开发程度较低
	历史名人(明经胡氏)	—	
庆源村	云雾茶	—	
	油菜花田	3	
严田村	严田巨樟	1	
	历史名人(李姓名人)	—	
西冲村	古建筑	3	旅游开发程度较低
虹关村	千年古樟	3	
	明清古建	—	
	徽墨	1	
江湾社区	明清古建、萧江宗祠	1	
	伟人故里	1	
	豆腐架、傩舞、板龙灯、歙砚等	1	

注:排名过低或明显不具备优势的特色要素不标注排名。

本章对不同类别的特色要素采用不同的赋分标准,即根据不同评优工作的评优依据,按照上述“基于评优名录的特色优势度赋分表”(表8-3)对符合这一依据的特色要素进行加分。比如某乡村旅游地入选中国美丽休闲乡村名录,则给予该乡村旅游地识别出的自然类特色要素以及徽派建筑等具有观赏功能的历史资源类要素加分。类似地,入选中国传统村落名录的,给予该乡村旅游地的历史资源类和部分具有悠久历史的文化资源类特色要素加分,入选中国历史文化名村名录的,则对其历史资源类和文化资源类特色要素都进行加分,其他评优工作也按照同样的方法进行赋分。

例如,思溪村和延村入选中国美丽休闲乡村、中国历史文化名村、中国传统村落,以及国家4A级旅游景区,则对其明清古建特色要素赋130分,与县域其他具有

明清古建、传统建筑等相似要素的乡村旅游地进行对比，思溪村和延村排名第1，故思溪村和延村的明清古建特色要素优势度很高，可以作为这两个村落进行特色开发的重点方向。其他乡村旅游地的特色要素优势度评价具体见特色要素优势度评价表（表8-4）。

一般情况下，对于优势度排名前3名的特色要素，本章认为该要素具有明显优势，建议作为特色发展的方向进行开发。对优势度排名前3名以外的特色要素，本章认为该要素处于劣势，不建议作为特色发展的方向进行开发，当同一乡村旅游地内出现多个排名相同的优势特色要素时，再结合该旅游地的现实情况选择其中一个要素进行针对性开发，对于其中特色要素冲突性较小的，也可以选取两个要素共同作为特色进行开发，比如明清古建和徽州三雕。

本章经过打分（见表8-3）和排名（见表8-4）后，对江西婺源14个乡村旅游地识别出的两大类四小类共23种43个特色要素的县域优势度做出如下评价。

（1）具有明显优势，可以作为特色发展的方向进行开发的特色要素有：思溪村、延村的徽州三雕；思溪村、延村、汪口村的儒商文化；思溪村、延村、栗木坑村（含篁岭村）、西冲村、江湾社区的明清古建、徽派建筑；栗木坑村（含篁岭村）的油菜花田景观；栗木坑村（含篁岭村）的晒秋；源头村、严田村的古树景观、古树资源；源头村的朱熹故居；李坑村的傩舞和特色美食等；晓起村的菊花景观和皇菊加工；虹关村的徽墨；江湾社区的萧江宗祠、伟人故里以及豆腐架、傩舞、歙砚工艺等文化要素。

（2）相对处于劣势，不建议作为特色发展的方向进行开发的特色要素有：汪口村、理坑村、晓起村、李坑村、虹关村的明清古建；汪口村、考水村、严田村的历史名人；理坑村的傩舞、抬阁、串堂班等文化要素；晓起村、虹关村的古树景观、古树资源；晓起村的樟木工艺；考水村、庆源村的油菜花田；庆源村的云雾茶。

第四节　结论与建议

一、结论

通过人工查阅和文本分析，识别出江西婺源14个乡村旅游地的两大类四小类共23种43个特色要素，并通过打赋分以及同类要素的县域对比，对各地特色要素的优势度进行了评价。得出具有明显优势的特色要素26个，相对处于劣势的特色要素17个，可以作为江西婺源各乡村旅游地选择特色发展方向、打造特色旅游品牌的参考。

此外，结合官方资料查阅和部分实地调研结果，本章在研究过程中还得出了几点发现：第一，多数案例地识别与评价出的优势特色要素结果与其现实开发中的侧重情况相吻合；第二，栗木坑村（含篁岭村）、江湾社区等具备优势特色要素并切实开展了针对性开发的乡村旅游地，具有相对较高的知名度和美誉度，而特色要素优

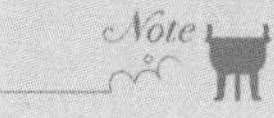

势度较低的乡村旅游地的发展情况则相对较差；第三，李坑村等具有优势特色要素但没有进行针对性开发的乡村旅游地，往往在旅游开发过程中遇到困难，且具有相对较低的美誉度；第四，考水村、西冲村等部分案例地虽然具备具有一定优势的特色要素，但旅游开发程度很低，目前无法作为乡村旅游地特色发展研究的参考。同时，本章也从上述发现中总结出了一些乡村旅游地特色发展存在的问题，并进行了简要的分析。

（一）共性问题

从客观条件来看，乡村旅游地普遍具有经济发展落后、资金不足的问题，旅游开发方向比较依赖国家优惠政策导向，容易盲目追求优惠政策，跟风开发旅游项目。同时，部分乡村旅游地也容易因此过分追求经济利益，导致资本过度涌入、过度商业化而忽视了优势特色要素的开发，逐渐无法满足差异化的需求。比如李坑村和江湾社区内旅游景区因商业化程度高，具有较高优势度的傩舞、豆腐架等文化特色要素没有得到有效的开发。

此外，乡村旅游地开发的影响因素繁多且差异性较大，如资源禀赋、居民关系等，难以直接借鉴其他地区特色开发的经验。比如李坑村的居民生活和旅游开发的矛盾较为尖锐，无法借鉴与篁岭景区类似的特色发展模式。

从宏观角度看，在国情方面，我国乡村旅游发展与国家乡村振兴与脱贫攻坚战略紧密相关，具有鲜明的中国特色，因此无法照搬西方发达国家较为完善的发展经验。

在从业人员方面，当地居民占乡村旅游从业人员较大比重，缺乏旅游专业知识技能，缺少完善的管理体系和管理型人才，因此在特色要素定位过程中主观成分过多，容易在战略定位和决策中出现失误。

在政策方面，我国乡村旅游地开发对国家优惠政策的依赖程度较高，虽然当地政府会结合乡村旅游地的资源禀赋，对乡村旅游开发的发展前景进行评估，但旅游业具有开发周期长的特点，各级政府一般只对旅游地开发准入进行审批，但对乡村旅游地后续开发和决策过程关注偏少。

总体来看，我国乡村旅游起步较晚，当前尚处于快速发展阶段，产业结构不完善，差异化、特色化发展路径的探索缺乏理论指导和实践经验，比较容易在开发决策中出现偏差，但以篁岭为代表的江西婺源乡村旅游地乡村旅游发展较好，对当地特色要素的把握程度总体上处于较高水平。

（二）个性问题

除乡村旅游地普遍存在的共性问题外，笔者还在婺源及其14个乡村旅游地的调研中发现了两点具有当地特点的问题。

第一，部分乡村旅游地特色要素差异性较小。由于本章实证研究选取的14个乡村旅游地都位于江西婺源境内，其地形地貌、气候条件具有相似性，因此自然风景旅游资源也具有一定的相似性，半数案例选取地拥有油菜花田景观，近三成拥有古树资源。同时，婺源县内乡村旅游地大多属于徽州文化区，人文及历史文化资源也

具有一定的相似性，几乎所有案例选取地都具有徽派古建旅游资源，但根据古建保存情况的差异仍然能够对该类特色要素进行优势度评价，也有多个案例地拥有傩舞以及相似人文类特色要素。特色要素相似程度过高容易导致同质化问题，引起旅游地之间的恶性竞争，不利于乡村旅游地的特色化、差异化和可持续发展。

第二，部分乡村旅游地旅游开发程度较低。本章在实证研究过程中，发现少数村落具有优势度较高的特色要素，但该村落本身旅游开发程度极低，鲜有特色化发展的迹象。其中一部分乡村旅游地有全国重点文物保护单位，景区内的古建筑等历史文物具有极高的保护价值，根据相关政策应对这一类乡村旅游地采取保护为主、抢救第一的保护性开发模式。而旅游开发程度低的原因，一方面一些旅游地在过去的旅游开发过程中对文物古建造成了严重破坏，该类旅游地不宜进行大规模的商业化开发，另一方面多数乡村旅游地存在经济落后、资金不足的问题，无法负担保护性开发的庞大成本。

此外，部分乡村旅游地中的景区景点由私人开发，虽然这些乡村旅游地具备一些优势度较高的特色要素，但景点的规模和体量过小，难以打响知名度，但这类景区也对具有清静放松需求的游客具有一定的吸引力，如考水村。还有一部分村落并未进行景点式的旅游开发，游览方式主要为游客自行前往参观，不对游客进行收费，也不具备相应的接待服务与配套设施，如西冲村、虹关村等。

（三）研究结论

乡村旅游是当前我国旅游业发展速度最快、发展潜力最大的新兴增长点之一，是助力乡村经济发展、实现乡村振兴的重要途经，也是解决我国城乡发展不平衡、乡村发展不充分的社会矛盾的重要方案。本章从乡村旅游的发展现状和遇到的现实问题出发，阐述了乡村旅游地特色化发展的必要性以及特色要素研究的重要作用，按照从特色要素的识别到优势度评价的逻辑顺序，使用文本分析的方法，采集网络游记文本数据，构建出针对乡村旅游地特色要素的识别与评价方法，对江西婺源14个乡村旅游地开展实证研究，并得出以下结论。

1. 主要结论

结合前述研究，本章认为，江西婺源乡村旅游地主要具有油菜花田、古树资源等自然类特色要素以及徽派建筑、傩舞、徽墨、歙砚等历史人文类特色要素，并针对婺源县内14个案例地特色要素识别与评价的结果分析，得出以下结论。

思溪村、延村主要识别出徽州三雕、儒商文化、明清古建、油菜花田4种特色要素，其中徽州三雕、儒商文化、明清古建在县域内都具有明显优势，但徽州三雕和明清古建较儒商文化更具有知名度和影响力，更能体现思溪村与延村在游客认知中的特色。

栗木坑村（含篁岭村）主要识别出油菜花田及梯田景观、徽派建筑、晒秋3种特色要素，且所有特色要素在县域内都有明显优势，具有远超县域其他村落的知名度和影响力。

源头村主要识别出古树资源、朱熹故居两种特色要素，且两种特色要素在县域

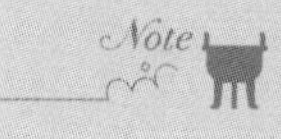

内都具有明显优势，鉴于朱熹故居及相关文化能够产生更多的附属要素，本章认为朱熹故居要素更具有特色代表性。

汪口村主要识别出传统建筑、儒商文化和历史名人3种特色要素，其中儒商文化在县域内比较具有优势。

理坑村主要识别出明清古建，傩舞、抬阁、串堂班等两类特色要素，但两类要素在县域内都不具备明显优势。

李坑村主要识别出明清古建，傩舞、米酒及特色美食等两类特色要素，其中傩舞和美食等文化类特色要素在县域内比较具有优势。

晓起村主要识别出古树资源、菊花景观、明清古建、樟木工艺、皇菊加工等特色要素，其中菊花景观和皇菊加工在县域内具有明显优势。

考水村目前旅游开发程度较低，主要识别出油菜花田和历史名人两种特色要素，两种要素都不具备明显优势。

庆源村主要识别出云雾茶和油菜花田两种特色要素，两种要素在县域内都不具备明显优势，但庆源油菜花在婺源赏花游中相对更具知名度，因此本章认为油菜花田更能代表庆源村的特色。

严田村主要识别出严田巨樟（古树景观）和历史名人两种特色要素，其中古树景观在县域内具有明显优势。

西冲村目前旅游开发程度较低，主要识别出古建筑一种特色要素，在县域内虽有一定优势，但不明显。

虹关村主要识别出千年古樟（古树景观）、明清古建、徽墨三种特色要素，其中徽墨在县域内具有明显优势。

江湾社区主要识别出明清古建，萧江宗祠、伟人故里，豆腐架、傩舞、歙砚工艺等三类特色要素，且所有特色要素在县域内都有明显优势，具有远超县域其他村落的知名度和影响力，鉴于目前江湾社区内较高的商业化程度对不同类型特色要素产生不同程度的负面影响，本章认为萧江宗祠以及伟人故里两种要素更能代表江湾社区在游客认知中的特色。

2. 其他推论

（1）特色要素理论具有指导乡村旅游地开发决策实践的可行性。

本章通过文本分析等方法对选取的14个乡村旅游地的特色要素进行识别和评价，结合资料查阅和实地调研结果，将得出的各乡村旅游地优势特色要素与开发实际进行对比，发现多数乡村旅游地宣传与开发的实际倾向与本研究中得出的优势特色要素相一致，少数现实情况与优势特色要素存在偏差的乡村旅游地一般存在特色要素优势不明显、旅游开发程度低、商业化程度过高等问题，符合研究预期得到的结果，可以认为特色要素识别与评价方法具有指导乡村型旅游目的地特色化旅游开发的可行性。

（2）特色要素把握的准确程度与特色化发展成效具有较强的相关性。

本章研究发现，除了少数旅游开发程度较低的案例地以外，多数案例地发展的现实状况与优势特色要素的把握的准确程度密切相关。一般情况下，对优势特色要

素把握越准确的乡村旅游地,发展成效越好,反之则越差。以李坑村为代表的一些具备优势特色要素,但在开发实践中没能准确把握优势特色要素的乡村旅游地,都在打造旅游景区知名度和美誉度、维持旅游资源完整性等不同方面遇到了一定的挫折与困难,有力论证了政府和旅游目的地管理人员掌握特色要素识别与评价方法的重要性。

(3)特色要素识别与评价方法研究对乡村旅游地克服特色发展的共性问题具有重要作用。

本章在实证研究中发现少数案例地识别出的优势特色要素与开发实际存在偏差,并对存在的问题和产生偏差的原因进行了剖析和阐述,总结得出乡村旅游地在特色化发展路径上出现偏差的原因在于资金、人才、经验以及政策的完善性等方面的欠缺,而这些方面的欠缺全部指向乡村旅游地开展特色要素识别与评价的能力的欠缺。究其根源,这种欠缺实际上是方法的欠缺,如果能够通过研究得出针对乡村旅游地行之有效的特色要素识别与评价方法,并运用到实践当中,就能够为乡村旅游地准确把握优势特色要素节约大量的资金、人力等成本,在一定程度上帮助乡村旅游地克服客观条件的不足,进而有效推进其特色化发展。

二、建议

(一) 婺源乡村旅游地特色化开发建议

根据对婺源14个乡村旅游地特色要素识别与评价结果的分析,结合相关资料和实地调研,对相关乡村旅游地的特色化开发提出如下针对性的建议。

建议思溪村、延村继续以明清古建、徽州三雕为特色进行更深层次的开发。

建议栗木坑村选取油菜花、梯田景观和晒秋为特色进行更具针对性的开发。

建议源头村以朱熹故居及其相关文化为特色进行开发,并适当加强宣传力度。

建议汪口村对儒商文化和历史名人故事进行更深层次的挖掘,并以其为特色进行旅游开发。

建议理坑村对本地抬阁和串堂班等文化特色要素进行挖掘,并尝试加入县域旅游线路规划,与临近的明清古建和文化风俗特色要素优势更为明显的乡村旅游地寻求合作开发。

建议李坑村加强对本地古建筑的保护,并挖掘本地傩舞、米酒、特色美食等文化特色要素,转向以文化为特色进行旅游开发。

建议晓起村以当地菊花景观和皇菊制作工艺为特色进行开发,但要加强对皇菊工艺美誉度的保护,注意过度商业化对这一特色品牌的负面影响。

建议庆源村改善本地的油菜花田景观,建立赏花游旅游品牌,以油菜花景观作为特色进行开发。

建议严田村以古树资源和古树景观为特色进行开发。

建议虹关村以徽墨工艺为特色进行旅游开发。

建议江湾社区维持当前开发现状,围绕萧江宗祠以及伟人故里特色要素进行

开发，鉴于同时开发过多不同类型的特色要素可能导致旅游地特色发生钝化，暂不建议其对傩舞、豆腐架、板龙灯等文化要素进行大规模开发。

不建议考水村、西冲村进行大规模的旅游开发。

总体上，建议婺源围绕古树资源、油菜花景观的自然要素，以及明清古建筑、古徽州文化的历史文化要素推进特色旅游开发。

（二）其他建议

1. 地方政府可采取的措施

各级政府应结合区域实际，研制并出台一套行之有效的特色要素识别与评价体系，为乡村地区旅游业的开发决策提供标准化的参考，并对已开发的乡村旅游地开展特色要素科学性检验工作，实时调整特色化发展方向。

2. 寻求特色化发展路径

对于因位于同一地域而导致特色要素差异性较小的乡村旅游地，可以考虑化竞争为合作的发展路径。当距离相近的乡村旅游地识别出相似的特色要素，且优势度相近时，可以将多个乡村旅游地合并为统一的旅游景点进行开发，如思溪延村景区。对于距离稍远但在同一县域内的特色相近的乡村旅游地，可以考虑由当地政府规划并发布系列旅游线路，将多个旅游地串联起来，统一打造特色旅游品牌。将同质化的要素转化为规模更大、更具有优势度的特色要素，发挥出1＋1＞2的效果。对于有条件的乡村旅游地，也可以学习借鉴篁岭晒秋的开发模式，通过网络媒体营销等策略，重新打造属于自己的特色要素。

3. 寻求开发和保护之间的平衡

对于优势特色要素是具有珍贵历史价值的文物资源的乡村旅游地，可以进行半封闭式保护与限制性参观的开发模式，减少游客行为对文物的破坏，节约修缮成本，或完善相关产业链，对这一类特色要素的附属要素进行开发并提供给游客。对于资金充足的旅游地，可以考虑以开设博物馆的形式对外开放；对于资金不足，无法承担保护性开发成本的乡村旅游地，应当给予一定的优惠政策倾斜，确保其优势特色要素得到充分发展。

三、不足与展望

一方面，案例地选取地域范围较小。虽然本章选取的案例地在地域上比较均匀地分布在婺源县域内，但总体而言距离相对较近，且都处于同一文化区内，各乡村旅游地的资源禀赋存在一定的相似性，部分案例地的特色要素无明显差异。

另一方面，部分乡村旅游地拥有超过县域、市域，甚至达到全国范围的吸引力和影响力，局限于县域范围的特色要素优势度评价可能无法完全反映该类乡村旅游地的优势程度。婺源作为唯一一个以县为单位命名的国家3A级旅游景区，其中的各个乡村旅游地大多具有良好的自然和文化要素，如果把选取地域范围扩大到周边地域，可能更能体现其优势度。但鉴于乡村旅游地数量过于庞大，旅游开发水平参差不齐，收集相关数据具有相当大的难度，且有关多个地域间旅游目的地特色

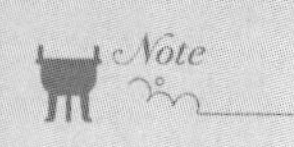

优势度比较的相关研究较少,缺少统一的标准和成熟的量表,因此将选取地域扩大的实证研究目前难以开展,有待未来相关领域研究的完善。

由于本章实证研究的案例地多为乡村地域,普遍具有体量和规模较小的特点,获取单独记载某一乡村旅游地的游记文本数据非常困难,多数游记文本数据在使用软件采集后,仍需要进行大量的人工整理和筛选工作,操作比较烦琐。未来,随着乡村旅游的发展和相关体系的完善,研究者将能以更便捷的途径得到各乡村旅游地更为详尽的信息,更为便捷地展开相关的研究。

本章小结

本章主要探讨了江西婺源乡村旅游地的特色要素,并对14个案例地的特色要素进行了识别与评价。本章得出的结论是,各个案例地具有不同的特色要素,其中有些具有明显优势和较高知名度,如思溪村、延村的徽州三雕、儒商文化和明清古建,以及栗木坑村的油菜花田及梯田景观、徽派建筑、晒秋等。然而,有些特色要素在县域内并没有明显的优势,如理坑村的明清古建、傩舞、抬阁、串堂班等。笔者认为,这些特色要素可以帮助乡村旅游地在市场竞争中脱颖而出,吸引更多的游客前来旅游,同时也可以为乡村旅游的发展提供新的思路。

参考文献

[1] 耿松涛,张伸阳.乡村振兴背景下乡村旅游与文化产业协同发展研究[J].南京农业大学学报(社会科学版),2021,21(2):44-52.

[2] 姜太芹,董培海.中国乡村旅游扶贫研究进展与启示[J].旅游研究,2021,13(1):32-42.

[3] 周慧芝.基于地域文化的乡村旅游可持续发展策略研究[J].农业经济,2021(1):58-59.

[4] 刘玉堂,高睿霞.文旅融合视域下乡村旅游核心竞争力研究[J].理论月刊,2020(1):92-100.

[5] 袁静.乡村意象与乡村旅游开发探讨[J].品牌研究,2018(S2):97-98.

[6] 吕游,郑潇.乡村振兴背景下的乡愁景观营造策略[J].居舍,2019(31):121.

[7] 谢红,张莹.基于情感消费的乡村旅游现象研究——以乡愁情感为例[J].哈尔滨学院学报,2019,40(2):63-66.

[8] 费孝通.乡土中国[M].上海:上海人民出版社,2019.

[9] 李志龙.乡村振兴—乡村旅游系统耦合机制与协调发展研究——以湖南凤凰县为例[J].地理研究,2019,38(3):643-654.

[10] 胡烨莹,张捷,周云鹏,等.乡村旅游地公共空间感知对游客地方感的影响研究[J].地域研究与开发,2019,38(4):104-110.

[11] 孔艺丹,黄子璇,陶卓民,等.基于乡村性感知的游客环境责任行为影响机制研究——以南京市江宁区为例[J].南京师大学报(自然科学版),2019,42(1):124-131.

[12] 吕龙,吴悠,黄睿,等."主客"对乡村文化记忆空间的感知维度及影响效应——以苏州金庭镇为例[J].人文地理,2019,34(5):69-77,84.

[13] 王跃伟,佟庆,陈航,等.乡村旅游地供给感知、品牌价值与重游意愿[J].旅游学刊,2019,34(5):37-50.

[14] 张茜,郑宪春,李文明.湖南省乡村旅游地游客忠诚机制研究[J].湖南社会科学,2017(4):138-142.

[15] 邹统钎.乡村旅游:理论·案例[M].天津:南开大学出版社,2008.

[16] 左晓斯.可持续乡村旅游研究——基于社会建构论的视角[M].北京:社会科学文献出版社,2010.

[17] 龙茂兴,张河清.乡村旅游发展中存在问题的解析[J].旅游学刊,2006(9):75-79.

[18] 史玉丁,李建军.乡村旅游多功能发展与农村可持续生计协同研究[J].旅游学刊,2018,33(2):15-26.

[19] 杨瑜婷,何建佳,刘举胜."乡村振兴战略"背景下乡村旅游资源开发路径演化研究——基于演化博弈的视角[J].企业经济,2018(1):24-30.

[20] 蔡伟民.乡村旅游地游客感知价值及重游意愿研究——以成都三圣乡为例[J].西南民族大学学报(人文社科版),2015,36(5):134-138.

[21] 陈佳,张丽琼,杨新军,等.乡村旅游开发对农户生计和社区旅游效应的影响——旅游开发模式视角的案例实证[J].地理研究,2017,36(9):1709-1724.

[22] 刘锐,卢松,邓辉.城郊型乡村旅游地游客感知形象与行为意向关系研究——以合肥大圩镇为例[J].中国农业资源与区划,2018,39(3):220-230.

[23] 刘笑明,李星星,李同昇.基于游客感知与评价的乡村旅游地发展研究——以西安上王村为例[J].湖北农业科学,2013,52(21):5381-5385.

[24] 刘方.乡愁:刻印在美丽乡村与陌生城市之间的精神痕迹[J].湖州师范学院学报,2014(1):17-19.

[25] 郭世松.大力建设"记得住乡愁"的美丽乡村[J].中共太原市委党校学报,2015(3):29-31.

[26] 刘沛林.新型城镇化建设中"留住乡愁"的理论与实践探索[J].地理研究,2015,34(7):1205-1212.

[27] 林剑.也谈乡愁:记住抑或化解[J].学术研究,2017(7):9-13.

[28] 谢彦君,于佳,王丹平,等.作为景观的乡愁:旅游体验中的乡愁意象及其表征[J].旅游科学,2021,35(1):1-22.

[29] 王宁,刘丹萍,马凌.旅游社会学[M].天津:南开大学出版社,2008.

[30] 周欣琪,郝小斐.故宫的雪:官方微博传播路径与旅游吸引物建构研究[J].旅游学刊,2018,33(10):51-62.

[31] 陈钢华,李萌,相沂晓.你的目的地浪漫吗?——对游客感知视角下目的地浪漫属性的探索性研究[J].旅游学刊,2019,34(12):61-74.

[32] 朱竑,韩亚林,陈晓亮.藏族歌曲对西藏旅游地形象感知的影响[J].地理学报,2010,65(8):991-1003.

[33] 史达,张冰超,衣博文.游客的目的地感知是如何形成的?——基于文本挖掘的探索性研究[J].旅游学刊,2022,37(3):68-82.

[34] 李仁杰,路紫,李继峰.山岳型风景区观光线路景观感知敏感度计算方法——以武安国家地质公园奇峡谷景区为例[J].地理学报,2011,66(2):244-256.

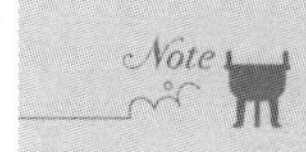

[35] 陆林,刘莹莹,吕丽.旅游地旅游者忠诚度机制模型及实证研究——以黄山风景区为例[J].自然资源学报,2011,26(9):1475-1483.
[36] 郭英.民族旅游宣传中的话语与权力问题[D].大连:东北财经大学,2005.
[37] 王南方.山东省乡村旅游现状与发展策略研究[D].济南:山东大学,2014.
[38] 唐峰陵,刘众.乡村振兴战略下梧州泗州岛乡村旅游发展探讨[J].合作经济与科技,2020(4):16-18.
[39] 刘沛林,刘春腊,邓运员,等.中国传统聚落景观区划及景观基因识别要素研究[J].地理学报,2010,65(12):1496-1506.
[40] 闵忠荣,周颖,张庆园.江西省建制镇类特色小镇建设评价体系构建[J].规划师,2018,34(11):138-141.
[41] 吴一洲,陈前虎,郑晓虹.特色小镇发展水平指标体系与评估方法[J].规划师,2016,32(7):123-127.
[42] 李静轩,李屹兰.乡村旅游开发与经营[M].北京:中国农业科学技术出版社,2011.
[43] 王兆峰,霍菲菲,徐赛.湘鄂渝黔旅游产业与旅游环境耦合协调度变化[J].经济地理,2018,38(8):204-213.
[44] 孔博,陶和平,刘邵权,等.西南贫困山区旅游环境容量测算——以贵州省六盘水市为例[J].中国人口·资源与环境,2011,21(S1):220-223.
[45] 李锋.基于协调发展度的城市旅游环境质量测评研究——以开封市和洛阳市为例[J].地域研究与开发,2011,30(1):90-94.
[46] 俞海滨.基于复合生态管理的旅游环境治理范式及其实现路径[J].商业经济与管理,2011(10):91-97.
[47] 李仕兵,赵定涛.区域环境友好度评价的灰色关联投影模型及应用[J].科学学与科学技术管理,2007(8):103-106,117.
[48] 王群,丁祖荣,章锦河,等.旅游环境游客满意度的指数测评模型——以黄山风景区为例[J].地理研究,2006(1):171-181.
[49] 董爽,汪秋菊.基于LDA的游客感知维度识别:研究框架与实证研究——以国家矿山公园为例[J].北京联合大学学报(人文社会科学版),2019,17(2):42-49.
[50] 吴小根,杜莹莹.旅游目的地游客感知形象形成机理与实证——以江苏省南通市为例[J].地理研究,2011,30(9):1554-1565.
[51] 陈永,徐虹,郭净.导游与游客交互质量对游客感知的影响——以游客感知风险作为中介变量的模型[J].旅游学刊,2011,26(8):37-44.
[52] 王迪云.旅游环境感知:机理、过程与案例应用[J].经济地理,2018,38(12):203-210.
[53] 郭永锐,张捷,卢韶婧,等.旅游者恢复性环境感知的结构模型和感知差异[J].旅游学刊,2014,29(2):93-102.

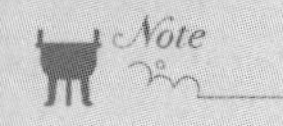

[54] 陈志钢,刘丹,刘军胜.基于主客交往视角的旅游环境感知与评价研究——

以西安市为例[J].资源科学,2017,39(10):1930-1941.

[55] 周妮笛,李毅,徐新龙,等.基于IPA方法的乡村生态旅游游客价值感知影响因素分析——以广西钟山县龙岩生态村为例[J].中南林业科技大学学报,2018,38(12):142-146.

[56] 殷红卫.游客感知对乡村旅游地地方依恋的影响——以南京江心洲为例[J].技术经济与管理研究,2016(2):124-128.

[57] 魏鸿雁,陶卓民,潘坤友.基于乡村性感知的乡村旅游地游客忠诚度研究——以南京石塘人家为例[J].农业技术经济,2014(3):108-116.

[58] Molina R, Jamilena F, García C.The contribution of website design to the generation of tourist destination image: The moderating effect of involvement[J]. Tourism Management, 2015, 47(2):303-317.

[59] Agapito D, Patrícia Valle, Júlio Mendes.The sensory dimension of tourist experiences:Capturing meaningful sensory-informed themes in Southwest Portugal[J].Tourism Management, 2014, 42(3):224-237.

[60] Vaughan D R, Edwards J R. Experiential perceptions of two winter sun destinations: The Algarve and Cyprus [J].Journal of Vacation Marketing, 1999, 5(4):356-368.

[61] Fatin H S, Amirah A S, Khairani N O. Determinants of tourist perception towards responsible tourism: A study at Malacca world heritage site[J]. Theory and Practice in Hospitality and Tourism Research, 2015:269-273.

[62] Su L J, Maxwell K, et al. The effect of tourist relationship oerception on destination loyalty at a world heritage site in China: The mediating role of overall destination satisfaction and trust [J]. Journal of Hospitality & Tourism Research, 2017, 41(2):180-210.

[63] Chen J S, Uysal M. Market positioning analysis: A hybrid approach[J]. Annals of Tourism Research, 2002, 29(4): 987-1003.

[64] Lee C K, Lee Y K, Lee B K. Korea's destination image formed by the 2002 World Cup[J].Annals of Tourism Research, 2005, 32(4): 839-858.

[65] Bonn M A, Joseph S M, DAI M. International versus domestic visitors: An examination of destination image perceptions[J]. Journal of Travel Research, 2005, 43(3): 294-301.

[66] Meng F, Uysal M. Effects of gender differences on perceptions of destination attributes, motivations, and travel values: An examination of a nature-based resort destination[J].Journal of Sustainable Tourism, 2008, 16(4): 445-466.

[67] Gearing C E, Swart W W, Var T. Establishing a measure of touristic attractiveness[J].Journal of Travel Research, 1974, 12(4):1-8.

[68] Sarantakou E, Tsartas P, Bonarou C. How new technologies influence the perception of Athens as a tourist and cultural destination[C].Springer Proceedings

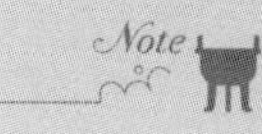

in Business and Economics,2018:169-172.

[69] Meng F, Tepanon Y, Uysal M. Measuring tourist satisfaction by attribute and motivation: The case of a nature—based resort[J].Journal of Vacation Marketing, 2008,14(1):41-56.

[70] Yang J J, Zhou Q, Liu X Y, et al. Biased perception misguided by affect: How does emotional experience lead to incorrect judgments about environmental quality?[J].Global Environmental Change, 2018,53:104-113.

[71] Simpson P M, Siguaw J A. Perceived travel risks: The traveller perspective and manageability [J]. International Journal of Tourism Research, 2008, 10 (4): 315-327.

[72] Moreira P. Stealth risks and catastrophic risks: On risk perception and crisis recovery strategies [J].Journal of Travel & Tourism Marketing,2007, 23(2-4): 15-27.

[73] Fuchs G, Reichel A. Cultural differences in tourist destination risk perception: An exploratory study[J].Tourism (Zagreb),2004,52(1):21-37.

[74] Gajdosik T,Gajdosikova Z,Strazanova R. Residents' perception of sustainable tourism destination development—A destination governance issue[J]. Global Business and Finance Review,2018,23(1):24-35.

[75] Bramwell B. Governance, the state and sustainable tourism: A political economy approach[J].Journal of Sustainable Tourism,2011,19(4-5):459-477.

[76] Hall C M.Policy learning and policy failure in sustainable tourism governance: from first-and second-order to third-order change?[J].Journal of Sustainable Tourism,2011,19(4-5):649-671.

[77] Urry J. The Tourist Gaze[M]. London: SAGE Publications,1990.

[78] Light D. Gazing on communism: Heritage tourism and post -communist identities in Germany, Hungary and Romania[J]. Tourism Geographies, 2000, 2(2): 157-176.

[79] Huang W J , Lee B C .The tourist gaze in travel documentaries: The case of Cannibal Tours[J]. Journal of Quality Assurance in Hospitality & Tourism, 2010, 11(4):239-259.

[80] Younghee Lee, Weaver D. The tourism area 1ife cycle in kimyujeong 1iterary village[J]. Asia Pacific Journal of Tourism Research,2014,19(2):181—198.

[81] Cloke P. An index of rurality for England and Wales[J]. R egional Studies, 1977,11(1):31-46.

[82] Park D B, Lee K W, Choi H S, et al. Factors influencing social capital in rural tourism communities in South Korea[J]. Tourism Management, 2012, 33 (61):511-1520.

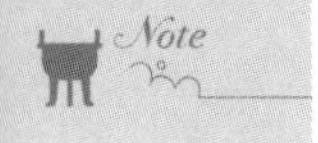

[83] Sharpley R, Jepson D. Rural tourism: A spiritual experience? [J]. Annals of tourism research, 2011, 38(1): 52-71.

[84] Frawley O M. Irish pastoral: Nature and nostalgia in Irish literature[D]. New York: City University of New York, 2002.

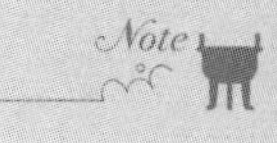

教学支持说明

为了改善教学效果，提高教材的使用效率，满足高校授课教师的教学需求，本套教材备有与纸质教材配套的教学课件和拓展资源（案例库、习题库等）。

为保证本教学课件及相关教学资料仅为教材使用者所得，我们将向使用本套教材的高校授课教师赠送教学课件或者相关教学资料，烦请授课教师通过电话、邮件或加入旅游专家俱乐部QQ群等方式与我们联系，获取“电子资源申请表”文档并认真准确填写后发给我们，我们的联系方式如下：

地址：湖北省武汉市东湖新技术开发区华工科技园华工园六路

邮编：430223

电话：027-81321911

传真：027-81321917

E-mail：lyzjjlb@163.com

旅游专家俱乐部QQ群号：306110199

旅游专家俱乐部QQ群二维码：

群名称：旅游专家俱乐部
群　号：306110199

电子资源申请表

填表时间：________年____月____日

1. 以下内容请教师按实际情况写，★为必填项。
2. 根据个人情况如实填写，相关内容可以酌情调整提交。

<table>
<tr><td rowspan="2">★姓名</td><td rowspan="2"></td><td rowspan="2">★性别</td><td rowspan="2">□男 □女</td><td rowspan="2">出生
年月</td><td rowspan="2"></td><td>★ 职务</td><td></td></tr>
<tr><td>★ 职称</td><td>□教授 □副教授
□讲师 □助教</td></tr>
<tr><td>★学校</td><td colspan="3"></td><td>★院/系</td><td colspan="3"></td></tr>
<tr><td>★教研室</td><td colspan="3"></td><td>★专业</td><td colspan="2"></td><td></td></tr>
<tr><td>★办公电话</td><td colspan="2"></td><td>家庭电话</td><td colspan="2"></td><td>★移动电话</td><td></td></tr>
<tr><td>★E-mail
（请填写清晰）</td><td colspan="5"></td><td>★QQ 号/微信号</td><td></td></tr>
<tr><td>★联系地址</td><td colspan="5"></td><td>★邮编</td><td></td></tr>
</table>

★现在主授课程情况		学生人数	教材所属出版社	教材满意度
课程一				□满意 □一般 □不满意
课程二				□满意 □一般 □不满意
课程三				□满意 □一般 □不满意
其　他				□满意 □一般 □不满意

教 材 出 版 信 息		
方向一		□准备写 □写作中 □已成稿 □已出版待修订 □有讲义
方向二		□准备写 □写作中 □已成稿 □已出版待修订 □有讲义
方向三		□准备写 □写作中 □已成稿 □已出版待修订 □有讲义

请教师认真填写表格下列内容，提供索取课件配套教材的相关信息，我社根据每位教师填表信息的完整性、授课情况与索取课件的相关性，以及教材使用的情况赠送教材的配套课件及相关教学资源。

ISBN(书号)	书名	作者	索取课件简要说明	学生人数 （如选作教材）
			□教学 □参考	
			□教学 □参考	

★您对与课件配套的纸质教材的意见和建议，希望提供哪些配套教学资源：